보험수학을 위한

확 률 론

김재희 지음

敎友社

역자의 머리말

이 책은 본인의 저서 PROBABILITY THEORY for Actuarial Mathematics (Kyowoo Publishing Co., 2007)을 번역한 것이다. 여러 저자에 의하여 출판된 확률론에 관한 책들이 많지만, 이 책은 내용과 분량에서 학부의 한 학기의 확률론 교과과정으로 강의하기에 적당하다. 특히 이 책의 제 2편에서 소개하는 106개의 문제와 풀이과정은 확률론의 개념을 이해하는데 도움을 줄 뿐만 아니라 보험계리사 자격 시험을 준비하는데 직접적으로 도움이 될 것이다.

한글 맞춤법에 관한 지식의 부족과 용어의 부적절한 선택으로 인하여 번역에 많은 실수가 있을 것으로 생각하며 독자의 충고를 부탁드린다.

이 번역본의 원고를 꼼꼼하게 읽고 번역과 교정을 도와준 부산대학교 수리금융협동과정 대학원생들 모두에게 감사의 마음을 전한다. 그리고 이 책의 출판을 위하여 여러 모로 협조해 준 교우사 관계자들에게도 감사를 드린다. 한글 맞춤법과 용어의 선택에 도움을 주고 여러 면에서 격려해 준 두 아들 수필과 수로 그리고 아내 이영희에게 고마움을 전한다.
그리고 날마다 부족한 자에게 새 힘 주신 하나님께 영광을 올린다.

2007년 11월

역자 김재희

저자의 머리말

확률론은 음악부터 물리학에 이르기까지 학문적 활동의 모든 영역에서 뿐만 아니라 매일매일 경험하는 일기예보와 위험을 예측할 필요가 있는 금융시장에서 응용되는 수학의 한 분야이다.

이 교재는 학부나 대학원 학생이 확률론의 개념을 철저히 이해하며 보험모델에 적용할 능력을 갖추도록 설계되어 있다. 특히 이 교재는 미국의 생명보험계리사협회(SOA)/손해보험계리사협회(CAS)의 Exam P/1를 준비하는데 도움이 된다. 이 교재를 공부하기 위하여 미분적분학 정도의 지식만으로도 충분하지만, 추가적인 수학적 지식을 갖추면 더 도움이 될 것이다.

이 교재의 내용은 두 부분으로 나누어져 있다. 제 1편은 제 1장부터 5장으로 구성되어 있는데, 한 학기 교과과정의 확률론 교재로 사용할 수 있다. 제 2편에서 월드 와이드 웹 사이트 http://www.soa.org([4])에 실려있는 샘플문제의 대부분인 106문제를 소개하였다. 이 문제들을 주제별로 분류하고, 문제의 수학적 의미와 주어진 가정의 수학적 표현, 풀이를 위한 도구나 공식, 그리고 자세한 계산과정을 포함하여 원래의 풀이보다 훨씬 이해하기 쉬운 풀이과정을 주었다.

끝으로 원고를 읽고 교정해준 많은 학생들에게 감사를 드리며 참고문헌 [4]의 샘플문제 중 106문제의 인용을 허락한 SOA/CAS의 출판 관계자에게 감사를 드린다. 그리고 저자는 이 교재를 읽고 오타와 표현의 잘못이나 애매함을 발견해서 지적해 줄 독자에게도 감사를 드릴 것이다. 마지막으로 이 교재의 출판을 위해 협조해 준 교우사의 오판근 사장에게 감사를 드린다.

2007년 02월

저자 김재희

목 차

제 I 편 확률론 **vii**

제 1 장 확률의 기본개념 **1**

제 1.1 절 표본공간과 사건 1

제 1.2 절 확률의 정의 4

제 1.3 절 순열과 조합 10

제 1.4 절 조건부확률과 독립성 13

제 2 장 확률변수와 그의 분포 **23**

제 2.1 절 확률변수와 분포 23

제 2.2 절 기댓값과 분산 30

제 2.3 절 특수한 이산확률분포 39

제 2.4 절 특수한 연속확률분포 48

제 3 장 결합분포와 조건부분포 **69**

제 3.1 절 결합분포 69

제 3.2 절 조건부분포 83

제 4 장 확률변수의 함수 **99**

제 4.1 절 확률변수의 함수의 분포 99

제 4.2 절 중심극한정리 106

제 5 장 보험에의 응용 **113**

제 5.1 절 보험은 어떻게 이루어지는가? 113

제 5.2 절 손실을 표현하는 모델 114

제 5.3 절 보험금 총액 모델 120

제 5.4 절 손실에 대한 보상범위의 조절 127

제 5.5 절 재보험 130

제 II 편 SOA/CAS Exam P/1을 위한 샘플문제와 모범풀이 133

표준정규분포표 249

참고문헌 250

찾아보기 251

제 I 편

확률론

제 1 장

확률의 기본개념

제 1.1 절　표본공간과 사건

어떤 실험이나 시행에서 일어날 수 있는 모든 결과들의 모임 또는 집합을 **표본공간**(sample space)이라 부르는데, 보통 기호 S로 표시한다. 당분간 시행결과는 결과들의 집합이 아닌 단일 결과만 생각한다. 단일 결과를 하나의 **표본**(sample point)이라 부른다. 나중에, 이들 시행결과들의 어떤 집합을 하나의 사건이라 부를 것이다. 많아야 가산 개의 원소를 가지는 표본공간을 **이산표본공간**(discrete sample space)이라 하고, 그렇지 않은 경우에 **연속표본공간**(continuous sample space)이라 부른다. 다음과 같이 표본공간의 예를 들 수 있다.

예제 1.1.1. 번호 1, 2, 3이 표시된 세 개의 공이 들어있는 주머니에서 한 개의 공을 꺼낸다고 가정하자. 공의 위치를 랜덤화하기 위하여 주머니를 흔든 후 한 개의 공을 선택한다. 그러면 다음과 같은 표본공간을 얻는다.

$$S_1 = \{1, 2, 3\}.$$

예제 1.1.2. 두 개의 정상적인 주사위를 던지는 실험을 하면, 다음과 같은 표본공간을 얻는다.

$$S_2 = \{(i, j) |\quad i, j = 1, 2, 3, 4, 5, 6\}.$$

단, (i, j)는 왼쪽의 주사위의 눈금이 i이고 또 다른 주사위의 눈금이 j인 실험결과를 나타낸다.

예제 1.1.3. 세 명의 학생 x, y, z가 순서대로 정상적인 주사위를 던진다. 짝수 눈금을 처음 던진 학생이 이기는 게임을 진행하고 있다. 게임은 짝수 눈금이 나올 때까지 계속된다. n번째 처음으로 짝수 눈금이 나오는 실험결과를 s_n라 하자. 즉, s_n는 첫 번째부터 $n-1$번째까지는 홀수 눈금이 나오고 n번째는 짝수 눈금이 나오는 실험결과이다. 이 게임으로부터 얻는 표본공간은 다음과 같다.

$$S_3 = \{s_i |\quad i = 1, 2, 3, \cdots\}.$$

예제 1.1.4. 특수한 환경에서 어떤 컴퓨터 메모리 칩의 수명을 측정하는 실험에서 주어지는 표본공간 S_4는 음이 아닌 실수 전체의 집합이다. 즉,

$$S_4 = \{x |\quad 0 \le x < \infty\}.$$

예제 1.1.5. 0과 1의 사이에서 두 개의 수 x와 y를 택하는 실험에서 얻는 표본공간 S_5는 2차원 실평면 $\mathbf{R}^2$ 내의 면적이 1인 정사각형이다. 즉,

$$S_5 = \{(x, y) \in \mathbf{R}^2 |\quad 0 \le x, y \le 1\}.$$

S_1과 S_2, S_3는 이산표본공간이고, S_4와 S_5는 연속표본공간이다. 표본의 모임 또는 표본공간의 부분집합을 **사건**(event)이라 부른다.

실험이 행해진 후에 관찰된 결과가 어떤 사건 E에 속할 때, 사건 E가 **일어났다**(occurred)고 말한다.

예제 1.1.6. (1) 예제 1.1.1에서, $E = \{1, 3\}$는 홀수 번호의 공이 선택될 사건을 나타낸다.
(2) 예제 1.1.2, $E = \{(3,6),(4,5),(5,4),(6,3)\}$는 S_2의 부분집합으로서, 두 개의 주사위의 눈금의 합이 9가 되는 사건이다.
(3) 예제 1.1.3에서, $E = \{s_{3k-1} |\quad k = 1, 2, \cdots\}$는, 두 번째 학생 y가 게임에서 이길 사건을 나타낸다.
(4) 예제 1.1.4에서, $E = \{t : 800 < t < 1200\}$는 컴퓨터 메모리 칩의 수명이 800시간보다 길고 1200시간보다 짧을 사건을 나타낸다.
(5) 예제 1.1.5에서, $E = \{(x, y) \in \mathbf{R}^2 |\quad 0 \le x \le 1, \frac{1}{2} \le y \le 1\}$는 정사각형 S_5의 상반영역 내의 점이 선택될 사건이다.

우리가 이미 알고있는 집합연산을 이용하여 사건과 사건을 서로 결합할 수 있다. 또 복잡한 사건을 표본들의 결합으로 표현할 수 있다.

두 사건 A와 B의 **합사건**(union of two events)을 $A \cup B$로 표시하는데, 이것은 A 또는 B에 속하는 모든 시행결과들의 집합이다. 사건 $A \cup B$가 일어났다는 것은 사건 A 또는 사건 B가 일어났다는 뜻이다.

두 사건 A와 B의 **공통사건**(intersection of two events)을 $A \cap B$로 표시하는데, 이것은 A와 B에 동시에 속하는 모든 시행결과들의 집합이다. 사건 $A \cap B$가 일어났다는 것은 사건 A와 사건 B가 동시에 일어났다는 뜻이다. 두 개의 사건의 공통사건이 공사건 ϕ일 때, 두 사건은 **서로 소**(mutually exclusive)라 말한다. 물론 서로 소인 사건은 동시에 일어날 수 없다.

사건 A의 **여사건**(complement of an event)을 A^c로 표시하는데, 이것은 A에 속하지 않는 모든 시행결과들의 집합이다. 사건 A^c가 일어나면 A는 일어나지 않고, 역으로 사건 A가 일어나면 A^c는 일어나지 않는다.

사건의 합과 공통을 나타내는 연산을 세 개 이상의 많은 사건들에 반복적으로 사용할 수 있다.

사건 $A_1, A_2, \cdots, A_n$ 중 한 개 또는 몇 개의 사건이 일어나면, 사건

$$\bigcup_{k=1}^{n} A_k = A_1 \cup A_2 \cup \cdots \cup A_n$$

가 일어난다. 만약 모든 사건 $A_1, A_2, \cdots, A_n$가 일어나면, 사건

$$\bigcap_{k=1}^{n} A_k = A_1 \cap A_2 \cap \cdots \cap A_n$$

가 일어난다. 그리고 이 연산들을 무한 가산 개의 사건의 열 $A_1, A_2, \cdots$에도 적용할 수 있다.

$B_1, B_2, \cdots, B_n$가 사건 A의 **분할**(partition of event)이란, $B_1, B_2, \cdots, B_n$가 서로 소이고 $A = \cup_{i=1}^{n} B_i$를 만족한다는 뜻이다.

제 1.2 절 확률의 정의

예제 1.1.1의 실험을 같은 조건 하에 n번 반복한다고 가정하자. $k = 1, 2, 3$에 대하여, $N_k(n)$를 번호 k의 공이 선택된 횟수라 하자. 시행결과 k의 **상대빈도**(relative frequency)는

$$f_k(n) = \frac{N_k(n)}{n}$$

에 의하여 정의된다. 상대빈도 $f_k(n)$ 는 다음과 같은 성질들을 가진다.

$$0 \le f_k(n) \le 1, \quad \sum_{k=1}^{3} f_k(n) = \frac{1}{n} \sum_{k=1}^{3} N_k(n) = 1.$$

반복된 시행에서 어떤 사건의 발생의 상대빈도는, 시행횟수를 점점 증가시키면, 어떤 특정한 극한값에 수렴한다는 것을 보편적으로 경험할 것이다. 이러한 현상을 **통계적 규칙**(statistical regularity)이라 부르고, 상대빈도의 극한값을 주어진 사건이 일어날 확률이라 부른다.

지금의 예에서,

$$\lim_{n\to\infty} f_k(n) = p_k \tag{1.2.1}$$

라 둘 때, p_k를 시행결과 k의 **확률**(probability)이라 부른다. 등식 (1.2.1)는 **베르누이의 대수의 법칙**(Bernoulli's Law of Large Numbers)으로 간주된다.
임의의 사건 A에 대하여, $P(A) = \sum_{k\in A} p_k$라 정의하자. 그러면 $0 \le P(A) \le 1$와 $P(S_1) = 1$를 쉽게 확인할 수 있다. 더욱이, n번 반복시행에서 사건 A의 상대빈도 $f_A(n)$가 $f_A(n) = \sum_{k\in A} f_k(n)$에 의해 주어지므로, 사건의 확률은, $A\cap B = \emptyset$일 때,

$$P(A\cup B) = P(A) + P(B)$$

를 만족한다. 랜덤한 실험에서 확률측도(probability measure)는 실험에 의해 주어지는 사건을 확률값으로 대응시키는 하나의 잣대이다. 그러므로 확률측도는 사건을 구간 $[0,1]$ 내의 실수로 대응시키는 일종의 집합함수이다. 위의 예에서, 상대빈도의 성질로부터 확률을 정의하는데 필요한 조건을 유도하였다. 확률의 공리는 형식적으로 확률측도가 만족해야 하는 성질로 주어진다.

지금부터 확률의 엄밀한 정의와 성질에 관하여 다룬다.

정의 1.2.1. 표본공간 S를 가지는 시행을 생각하자. 이 시행에 의한 **확률측도**(probability measure) P는 임의의 사건 A를 실수 $P(A) \in [0,1]$로 대응시키는 집합함수로서 다음 공리를 만족하는 것이다:

공리 I　$0 \le P(A) \le 1$

공리 II　$P(S) = 1$

공리 III　$A\cap B = \emptyset$이면, $P(A\cup B) = P(A) + P(B)$

공리 III'　$A_1, A_2, \cdots$이 서로 소인 사건들이면,

$$P\left(\bigcup_{k=1}^{\infty} A_k\right) = \sum_{k=1}^{\infty} P(A_k).$$

표본의 갯수가 유한인 시행을 다루는 경우는 공리 I, II, III 만으로 충분하다. 반면 표본의 갯수가 무한인 경우는 공리 III 대신 III'가 필요하다. 모든 $k \geq 3$에 대하여, $A_k = \emptyset$라 간주하면 공리 III은 공리 III'의 특수한 경우라 생각할 수 있다. 그래서 어떤 경우라도 공리 I, II, III'를 필요로 한다고 말할 수 있다.

정리 1.2.2. *공사건 $\emptyset$에 대하여, $P(\emptyset) = 0$이다.*

증명. 임의의 사건 A에 대하여, $A = A \cup \emptyset$라 쓸 수 있다. A와 $\emptyset$가 서로 소이므로, 공리 III에 의하여, $P(A) = P(A \cup \emptyset) = P(A) + P(\emptyset)$이 성립하고 따라서 정리의 명제를 얻는다. □

정리 1.2.3. *임의의 사건 A에 대하여, $P(A) = 1 - P(A^c)$가 성립한다.*

증명. 전사건 S는 $S = A \cup A^c$라 쓸 수 있고, 공리 II와 III을 이용하면, $1 = P(S) = P(A) + P(A^c)$가 성립한다. □

정리 1.2.4. *임의의 두 사건 A와 B에 대하여, 다음 등식이 성립한다.*

$$P(A \cup B) = P(A) + P(B) - P(A \cap B).$$

증명. 증명을 위하여 사건 $A \cup B$와 B를 각각

$$A \cup B = A \cup (B \cap A^c),$$

$$B = (A \cap B) \cup (B \cap A^c)$$

에 의해 서로 소인 사건들로 분할한다. 공리 III을 적용하면,

$$P(A \cup B) = P(A) + P(B \cap A^c),$$

$$P(B) = P(A \cap B) + P(B \cap A^c)$$

이다. 첫 번째 식에서 두 번째 식을 빼면,

$$P(A \cup B) - P(B) = P(A) - P(A \cap B)$$

이고, 따라서 정리가 성립한다. □

참고 1.2.5. 세 개의 사건 A, B, C에 대하여, $A \cup B \cup C$를 $(A \cup B) \cup C$ 라 간주하고 위의 정리를 적용하면 다음 식이 성립한다.

$$P(A \cup B \cup C) = P(A) + P(B) + P(C) - P(A \cap B) - P(A \cap C) - P(B \cap C) + P(A \cap B \cap C).$$

일반적으로, $A_1, A_2, \cdots, A_k$를 k개의 사건들이라 하면, 수학적 귀납법을 이용하여 다음 공식을 얻을 수 있다.

$$\begin{aligned} P(A_1 \cup A_2 \cup \cdots \cup A_k) = & \sum_{i=1}^{k} P(A_i) - \sum_{i<j=2}^{k} P(A_i \cap A_j) \\ & + \sum_{i<j<m=3}^{k} P(A_i \cap A_j \cap A_m) \\ & + \cdots + (-1)^{k-1} P(A_1 \cap A_2 \cap \cdots \cap A_k). \end{aligned} \tag{1.2.2}$$

정리 1.2.6. *만약* $A \subset B$*이면,* $P(A) \leq P(B)$*이다.*

증명. 사건 B를 $B = A \cup (B \cap A^c)$에 의하여 분할하고 공리 III을 적용하면, $P(B) = P(A) + P(B \cap A^c) \geq P(A)$를 얻는다. 마지막 부등호는 공리 I에 의하여 $P(B \cap A^c) \geq 0$이기 때문에 성립한다. □

정리 1.2.7. *임의의 사건의 열* $A_1, A_2, \cdots$ *가 주어졌을 때, 다음식이 성립한다.*

$$P\left(\bigcup_{k=1}^{\infty} A_k\right) \leq \sum_{k=1}^{\infty} P(A_k).$$

증명. 사건의 열 $B_1, B_2, \cdots$를 다음과 같이 정의하자.

$$B_1 = A_1$$

$$B_2 = A_1 \cup A_2 - A_1$$

$$B_k = \bigcup_{i=1}^{k} A_i - \bigcup_{i=1}^{k-1} A_i, \quad k = 3, 4, \cdots .$$

그러면 $B_1, B_2, \cdots$는 서로 소이고, $B_k \subset A_k$이며 $\cup_{k=1}^{\infty} B_k = \cup_{k=1}^{\infty} A_k$이다. 그러므로 다음과 같은 결과를 얻는다.

$$P\left(\bigcup_{k=1}^{\infty} A_k\right) = P\left(\bigcup_{k=1}^{\infty} B_k\right) = \sum_{k=1}^{\infty} P(B_k) \leq \sum_{k=1}^{\infty} P(A_k).$$

□

예제 1.2.8. 위의 예제 1.1.1를 생각하자. 모든 표본들이 서로 소이므로, 공리 III에 의하여, 사건 $E = \{1,3\}$의 확률은 $P(E) = P(\{1,3\}) = P(\{1\}) + P(\{3\})$에 의하여 주어진다. 만약 표본공간 S_1에 속하는 모든 표본 $1, 2, 3$이 **확률의 동등성**(equally likely), 즉,

$$P(\{1\}) = P(\{2\}) = P(\{3\}) = \frac{1}{3},$$

이면, $P(E) = 1/3 + 1/3 = 2/3$이 된다.

위의 예에서, 값 '2/3'의 의미는 E에 속하는 표본의 갯수를 표본공간 S_1에 속하는 표본의 갯수로 나눈 값이다. 일반적으로, *시행결과들이 확률의 동등성을 가지면, 주어진 사건의 확률은 그 사건에 포함된 표본의 갯수를 표본공간에 속하는 모든 표본의 갯수로 나눈 값으로 주어진다.* 다음 절에서, 확률의 동등성을 가지는 결과를 얻는 시행에서 주어지는 사건의 확률을 계산하기 위하여 표본의 갯수를 구하는 방법을 다룬다.
지금부터, 임의의 표본 x에 대하여 확률 $P(\{x\})$를 간단히 $P(x)$로 표기한다.

예제 1.2.9. 예제 1.1.2에서, 두 개의 주사위가 정상적이라고 하자. 그러면 모든 36개의 표본은 확률의 동등성을 가질 것이다. 따라서 각 표본의 확률은 1/36이 된다. 그리고 만약 $E = \{(3,6), (4,5), (5,4), (6,3)\}$이면,

$$P(E) = P((3,6)) + P((4,5)) + P((5,4)) + P((6,3)) = \frac{4}{36} = \frac{1}{9}$$

가 된다.

예제 1.2.10. 예제 1.1.3에서, 만약 $E = \{s_{3k-1} | \quad k = 1, 2, \cdots\}$이면, E는 두 번째 학생 y가 게임에서 이길 사건이다. 이 때 $P(E)$를 계산하여라.

풀이. A_i를 주사위를 i번째 던졌을 때 짝수가 나올 사건이라 하면, 모든 $i = 1, 2, \cdots$에 대하여 $P(A_i) = P(A_i^c) = 1/2$가 되고, 따라서 s_n의 확률은

$$\begin{aligned} P(s_n) &= P(A_1^c \cap A_2^c \cap \cdots A_{n-1}^c \cap A_n) \\ &= P(A_1^c) \cdot P(A_2^c) \cdots P(A_{n-1}^c) \cdot P(A_n) \\ &= \left(\frac{1}{2}\right)^{n-1} \left(\frac{1}{2}\right) \\ &= \frac{1}{2^n} \end{aligned}$$

이다. 그러므로 구하는 확률은 다음과 같이 주어진다.

$$\begin{aligned} P(E) &= P(\{s_2, s_5, s_8, \cdots\}) \\ &= P(s_2) + P(s_5) + P(s_8) + \cdots \\ &= \frac{1}{2^2} + \frac{1}{2^5} + \frac{1}{2^8} + \cdots \\ &= \frac{1}{2^2}\left\{1 + \frac{1}{8} + \frac{1}{8^2} + \cdots\right\} \\ &= \frac{1}{4}\left\{\frac{1}{1 - 1/8}\right\} \\ &= \frac{2}{7}. \end{aligned}$$

예제 1.2.11. 예제 1.1.4에서, 표본공간은 $S = [0, \infty)$이었다. 집합함수 P를, 임의의 구간 $(s, t), 0 \leq s \leq t \leq \infty$에 대하여,

$$P((s, t)) = e^{-s\alpha} - e^{-t\alpha}$$

에 의하여 정의하자. 단, $\alpha > 0$이다. 그러면 P가 공리 I, II, III'을 만족함을 쉽게 확인할 수 있고, 그래서 이 시행에 대한 확률측도가 된다.

예제 1.2.12. 예제 1.1.5에서, 표본공간은 단위 정사각형이었다. 만약 이 정사각형에 있는 모든 점들이 확률의 동등성을 가지고 선택된다고 한다면, 이 정사각형

에 포함되는 어떤 영역 E의 확률을 E의 면적으로 주는 것은 타당할 것이다. 예를 들어, 단위 정사각형에 포함되는 영역 $A = \{(x, y) | \quad 0 \leq x \leq 1, 1/2 \leq y \leq 1\}$와 $B = \{(x, y) | \quad 0 \leq x \leq 1, 0 \leq y \leq x\}$는 둘 다 넓이 1/2을 가진다. 그러므로 $P(A) = P(B) = 1/2$이 된다.

제 1.3 절 순열과 조합

때때로 사건에 포함된 표본의 갯수에 관련하여, 우리가 계산하고자 하는 어떤 값은 매우 크게되는 경우가 있을 것이다. 더욱이, 이 값을 한 개씩 세어서 얻는 것은 거의 불가능하고 집합에 속하는 원소들의 순열이나 조합의 수를 따지는 매우 특별한 방법에 의하여 구해진다. 이 절에서는 순열과 조합에 관련한 기호와 개념을 간단히 소개한다. 이를 위하여, 다음과 같은 계승(factorial)이라는 특별한 기호를 이용한다.

정의 1.3.1. n을 임의의 자연수라 하자. $n! = n(n-1)(n-2)\cdots 2 \cdot 1 = \prod_{k=1}^{n} k$라 정의하고 이것을 n**계승**(factorial)이라 부른다. 특별히 $0! = 1$로 정의한다.

주어진 서로 다른 n개의 물건을 복원하지 않고 나열시키는 방법의 수가 $n!$이다. 예를 들어, 세 개의 문자 $\{A, B, C\}$ 를 나열하는 방법은 $3! = 6$가지이다. 이들은 실제로 ABC, ACB, BAC, BCA, CAB, CBA이다.

정의 1.3.2. 크기가 n인 집합으로 부터 크기 k의 **순열**(permutation)은 크기 k의 순서를 가진 부분집합((ordered subset)이다. 크기 n의 집합으로 부터의, 복원하지 않고, 크기 k인 모든 순열의 갯수는 ${}_nP_k$("n permutation k"라 읽는다)에 의하여 표시하는데, 다음과 같다.

$${}_nP_k = n(n-1)(n-2)\cdots(n-k+1) = \frac{n!}{(n-k)!}.$$

다시 집합 $\{A, B, C\}$를 생각하자. 크기 2의 서로 다른 순열의 갯수는 ${}_3P_2 = 3!/(3-2)! = 6/1 = 6$이다. 실제로 이들은 AB, AC, BA, BC, CA, CB이다.

주어진 n개의 개체가 제 1형태는 n_1개, 제 2형태는 n_2개,$\cdots$, 그리고 제 p형태는 n_p개로 이루어져 있다고 하자. 단, $p \ge 1$는 자연수이고 $n = n_1 + n_2 + \cdots + n_p$이다. 분명히 이들 n개의 개체를 나열하는 방법의 수는 $n!/(n_1!n_2!\cdots n_p!)$인데, 이 값을 기호$\binom{n}{n_1 n_2 \cdots n_p}$로 표시하고 다항계수(multinomial coefficient)라 부른다.

정의 1.3.3. 크기 n의 집합으로부터의 크기 k의 **조합**(combination)은 크기 k의 순서를 가지지 않는 부분집합(ordered subset)이다. 크기 n의 집합으로부터의, 복원하지 않고, 크기 k인 모든 조합의 갯수는 $\binom{n}{k}$ 혹은 ${}_nC_k$에 의하여 표시하는데,

$$\binom{n}{k} = \frac{{}_nP_k}{k!} = \frac{n!}{k!(n-k)!} \left(= \binom{n}{n-k} \right),$$

로 주어진다. 이것을 **이항계수**(binomial coefficient)라 부르고 "n choose k" 혹은 "n combination k"라 읽는다.

이항계수는 다음과 같은 성질을 가진다.

$$\binom{n}{k} = \frac{n-k+1}{k}\binom{n}{k-1},$$
$$\binom{n}{k} = \frac{n}{k}\binom{n-1}{k-1}$$

$$(a+b)^n = \sum_{k=0}^{n} \binom{n}{k} a^k b^{n-k} \tag{1.3.1}$$

그리고

$$(x_1 + x_2 + \cdots + x_p)^n = \sum_{k_1+k_2+\cdots+k_p=n} \binom{n}{k_1 k_2 \cdots k_p} x_1^{k_1} x_2^{k_2} \cdots x_p^{k_p}. \tag{1.3.2}$$

등식 (1.3.1)와 (1.3.2)는 각각 이항정리와 다항정리로서 알려져 있다.

또 다시 집합 $\{A, B, C\}$를 생각하자. 크기 2의 서로 다른 조합의 갯수는 $\binom{3}{2} = {}_3P_2/2! = 3!/\{2!(3-2)!\} = 3$이다. 실제로 이들을 구해보면 $\{A, B\}$, $\{A, C\}$와 $\{B, C\}$이다.

예제 1.3.4. S를 6개의 개체에 의한 순열의 집합이라 하자. 적어도 한 개의 개체를 고정하여 만들어진 모든 순열의 집합의 확률을 구하여라.

풀이. A_i를 i번째 개체를 고정하여 만들어진 모든 순열의 집합이라 두자. 그러면 $\cup_{i=1}^{6} A_i$는 적어도 한 개의 개체를 고정하여 만들어진 모든 순열의 집합이 된다. 그래서 $P(\cup_{i=1}^{6} A_i)$를 계산하면 된다.

$$P(A_i) = \frac{5!}{6!}, \qquad i = 1, 2, 3, 4, 5, 6$$

이므로

$$\sum_{i=1}^{6} P(A_i) = \binom{6}{1}\frac{5!}{6!} = \frac{6!5!}{1!5!6!} = 1.$$

이다. 그리고

$$P(A_i \cap A_j) = \frac{4!}{6!}, \qquad i < j, \quad i, j = 1, 2, 3, 4, 5, 6,$$

이므로

$$\sum_{i<j}^{6} P(A_i \cap A_j) = \binom{6}{2}\frac{4!}{6!} = \frac{6!4!}{2!4!6!} = \frac{1}{2!}.$$

이다. 같은 방법에 의하여

$$\sum_{i<j<k}^{6} P(A_i \cap A_j \cap A_k) = \frac{1}{3!}$$

이고, 이 방법을 계속 확장하여 적용할 수 있다. 등식 (1.2.2)에 의하여, 다음을 얻는다.

$$\begin{aligned} P\left(\bigcup_{i=1}^{6} A_i\right) &= 1 - \frac{1}{2!} + \frac{1}{3!} - \frac{1}{4!} + \frac{1}{5!} - \frac{1}{6!} \\ &= 1 - \frac{1}{2} + \frac{1}{6} - \frac{1}{24} + \frac{1}{120} - \frac{1}{720} \\ &= \frac{441}{720} = \frac{49}{80}. \end{aligned}$$

예제 1.3.5. 브릿지 카드게임에서, 13장짜리 카드 한 패에 스페이드가 5장, 하트가 3장, 다이아몬드가 4장 그리고 클로버가 1장이 포함될 확률은

$$\frac{\binom{13}{5}\binom{13}{3}\binom{13}{4}\binom{13}{1}}{\binom{52}{13}}$$

이다.

제 1.4 절 조건부확률과 독립성

이 절에서는 확률론에서 가장 중요한 개념인 조건부확률과 사건의 독립성에 관하여 소개한다.

정의 1.4.1. B를 $P(B) > 0$인 사건이라 하자. 임의의 A에 대하여

$$P(A|B) = \frac{P(A \cap B)}{P(B)}$$

를 "사건 B가 주어졌을 때 사건 A의 **조건부확률**(conditional probability)"이라 부른다.

예제 1.4.2. 다섯 장이 한 패인 포커게임을 생각하자. 카드를 랜덤하게 다루면, 다섯 장짜리 패의 수는 $\binom{52}{5}$가 된다. A를 적어도 3장이 스페이드일 사건이라 하고, B를 5장 모두 스페이드일 사건이라 하자. $k = 1, 2, 3, 4, 5$에 대하여, A_k를 k장이 스페이드일 사건이라 하자. 그러면 다음 식이 성립한다.

$$\begin{aligned} P(A) &= P(A_3 \cup A_4 \cup A_5) \\ &= \frac{\binom{13}{3}\binom{39}{2} + \binom{13}{4}\binom{39}{1} + \binom{13}{5}}{\binom{52}{5}}. \end{aligned}$$

그리고

$$P(A\cap B)=P(B)=\frac{\binom{13}{5}}{\binom{52}{5}}$$

이고, 따라서 다음 조건부확률을 얻는다.

$$\begin{aligned}P(B|A)&=\frac{P(A\cap B)}{P(A)}\\&=\frac{\binom{13}{5}\Big/\binom{52}{5}}{\left\{\binom{13}{3}\binom{39}{2}+\binom{13}{4}\binom{39}{1}+\binom{13}{5}\right\}\Big/\binom{52}{5}}.\end{aligned}$$

예제 1.4.3. 주머니 속에 7개의 검은 공과 5개의 흰 공이 들어있다고 가정하자. 지금 2개의 공을 비복원추출, 즉, 추출한 공을 되돌려 넣지 않는 방법으로 2개를 추출한다고 하자. 확률의 동등성을 가정한다면, 추출된 2개의 공이 모두 검은 공일 확률은 얼마인가?

풀이. B_1과 B_2를 각각 첫 번째와 두 번째의 공이 검은 공일 사건이라 하자. 만약 첫 번째의 공이 검은 공이면, 주머니 속에 6개의 검은 공과 5개의 흰 공이 남는다. 그러므로 $P(B_2|B_1)=6/11$이다. 또 $P(B_1)=7/12$이므로, 구하는 확률은 다음과 같다.

$$\begin{aligned}P(B_1\cap B_2)&=P(B_2|B_1)P(B_1)\\&=\frac{6}{11}\cdot\frac{7}{12}\\&=\frac{7}{22}.\end{aligned}$$

별도의 방법으로, 구하는 확률은 다음과 같이 계산된다.

$$P(B_1\cap B_2)=\frac{\binom{7}{2}}{\binom{12}{2}}=\frac{7}{22}.$$

정리 1.4.4 (베이즈의 법칙(Bayes' rule)). $B_1, B_2, \cdots, B_n$를 표본공간 S의 분할이라 하자. 그러면 $P(A) > 0$인 임의의 A에 대하여, 다음 등식이 성립한다.

$$P(B_k|A) = \frac{P(A|B_k)P(B_k)}{\sum_{i=1}^{n} P(A|B_i)P(B_i)}, \quad k = 1, 2, \cdots, n.$$

증명. 다음 두 식

$$P(A \cap B_k) = P(A|B_k)P(B_k)$$

와

$$P(A) = \sum_{i=1}^{n} P(A \cap B_i) = \sum_{i=1}^{n} P(A|B_i)P(B_i) \tag{1.4.1}$$

로부터, 다음과 같이 계산된다.

$$P(B_k|A) = \frac{P(A \cap B_k)}{P(A)} = \frac{P(A|B_k)P(B_k)}{\sum_{i=1}^{n} P(A|B_i)P(B_i)}.$$

□

등식 (1.4.1)를 **전확률법칙**(theorem of total probability)이라 부른다. 특히, 임의의 두 사건 A와 B에 대하여, 다음 식이 성립한다.

$$P(A) = P(A|B)P(B) + P(A|B^c)P(B^c). \tag{1.4.2}$$

예제 1.4.5. 어느 보험회사는 사람들이 사고를 잘 내는 사람과 그렇지 않은 사람으로 분류된다고 믿고 있다. 그들의 통계에 의하면, 고정된 일 년 동안, 사고를 잘 내는 사람이 사고를 일으킬 확률은 0.6이고, 사고를 잘 내지 않는 사람이 사고를 일으킬 확률은 0.3이다. 인구의 20퍼센트는 사고를 잘 내는 사람이라 가정한다.

(i) 새로 보험에 가입한 고객이 일 년 동안 사고를 일으킬 확률을 구하여라.

(ii) 새로 보험에 가입한 고객이 사고를 일으켰다고 가정하자. 이 고객이 사고를 잘 내는 사람일 확률을 구하여라.

풀이. A를 새로 보험에 가입한 고객이 일 년 동안 사고를 일으킬 사건이라 하고 B를 임의로 선택한 고객이 사고를 잘 내는 사람일 사건이라 하자.

(i) 등식 (1.4.2)를 이용하면, 구하는 확률 $P(A)$는 다음과 같다.

$$\begin{aligned} P(A) &= P(A|B)P(B) + P(A|B^c)P(B^c) \\ &= 0.6 \times 0.2 + 0.3 \times 0.8 \\ &= 0.36. \end{aligned}$$

(ii) 원하는 확률은 $P(B|A)$이다. (i)에 의하여, 다음과 같이 된다.

$$\begin{aligned} P(B|A) &= \frac{P(A \cap B)}{P(A)} \\ &= \frac{P(A|B)P(B)}{P(A)} \\ &= \frac{0.6 \times 0.2}{0.36} = \frac{12}{36} \\ &= 0.33. \end{aligned}$$

예제 1.4.6. 주머니 I에는 한 개의 흰 공깃돌과 두 개의 검은 공깃돌, 주머니 II에는 한 개의 검은 공깃돌과 두 개의 흰 공깃돌, 그리고 주머니 III에는 세 개의 검은 공깃돌과 세 개의 흰 공깃돌이 들어 있다. 주사위를 던져서, 만약 1, 2 또는 3이 나타나면 주머니 I을 선택하고, 4가 나타나면 주머니 II를 선택한다. 만약 5 또는 6이 나타나면 주머니 III을 선택한다. 그리고 선택된 주머니에서 한 개의 공깃돌을 끄집어 낸다. 흰 공깃돌이 끄집어 내어졌을 때, 선택된 주머니가 II일 조건부확률은 얼마인가?

풀이. H를 흰 공깃돌이 끄집어 내어질 사건이라 하자. 그리고 U, V, W를 각각 주머니 I, II, III가 선택될 사건이라 하자. 구하고자 하는 조건부확률은 $P(V|H)$이

다. 베이즈의 법칙에 의하여,

$$\begin{aligned} P(V|H) &= \frac{P(H|V)P(V)}{P(H|U)P(U) + P(H|V)P(V) + P(H|W)P(W)} \\ &= \frac{(2/3)(1/6)}{(1/3)(3/6) + (2/3)(1/6) + (3/6)(2/6)} \\ &= \frac{1/9}{4/9} = \frac{1}{4}. \end{aligned}$$

정의 1.4.7. 두 개의 사건 A와 B가

$$P(A \cap B) = P(A)P(B)$$

를 만족할 때, 이들을 **독립**(independent)이라 말한다.

만약 $P(B) > 0$이면, 조건부확률의 정의에 의하여, 두 개의 사건 A와 B가 독립일 필요충분조건은 $P(A|B) = P(A)$이다. 이것은 양의 확률을 가지는 어느 한 사건의 시행결과가 다른 사건의 확률에 영향을 끼치지 않을 때, 이들 두 개의 사건은 독립이라는 것을 말하고 있다.

예제 1.4.8. 하나의 동전을 두 번 던지는 시행을 한다. A를 첫 번째 시행에서 앞면이 나올 사건이라 하고, B를 두 번의 시행의 결과가 같을 사건이라 하자. 그러면 A와 B는 독립이다. 실제로, 표본공간은

$$S = \{HH, HT, TH, TT\}$$

이다. 여기서 HT는 "첫 번째 시행에서 앞 면이 나타나고, 두 번째 시행에서 뒷면이 나타나는 시행결과"이다. 분명히 $A = \{HH, HT\}$이고 $B = \{HH, TT\}$이다. $A \cap B = \{HH\}$이므로,

$$P(A \cap B) = \frac{1}{4} = \frac{1}{2} \cdot \frac{1}{2} = P(A)P(B)$$

임을 알 수 있고 따라서 A와 B는 독립이다.

별도의 방법으로, 다음 계산에 의하여 A와 B가 독립임을 알 수 있다.

$$P(A|B) = \frac{P(A \cap B)}{P(B)} = \frac{1/4}{1/2} = \frac{1}{2} = P(A).$$

정의 1.4.9. 세 개의 사건 A, B, C가

$$P(A \cap B) = P(A)P(B),$$

$$P(A \cap C) = P(A)P(C),$$

$$P(B \cap C) = P(B)P(C),$$

$$P(A \cap B \cap C) = P(A)P(B)P(C)$$

일 때, 이들을 **서로 독립**(mutually independent)이라 말한다.

독립성의 정의를 n개의 사건으로 확장하면 다음과 같이 된다.

정의 1.4.10. n개의 사건들 $A_1, A_2, \cdots, A_n$이, 임의의 부분족 $\{A_{i_1}, A_{i_2}, \cdots, A_{i_k}\}$, $1 \le k \le n$에 대하여,

$$P(A_{i_1} \cap A_{i_2} \cap \cdots \cap A_{i_k}) = P(A_{i_1})P(A_{i_2}) \cdots P(A_{i_k})$$

를 만족하면, 이들 n개의 사건들을 **서로 독립**이라 말한다.

예제 1.4.11. 두 개의 주사위를 던진다고 가정하자. 사건 A, B, C를 다음과 같이 정의하자.

$A = \{$첫 번째 주사위의 눈금이 짝수$\}$,

$B = \{$두 번째 주사위의 눈금이 홀수$\}$,

$C = \{$두 개의 주사위의 눈금이 모두 짝수 혹은 모두 홀수$\}$.

분명히 $P(A) = P(B) = P(C) = 1/2$이고 $P(A \cap B) = P(B \cap C) = P(A \cap C) = 1/4$이다. 그러므로 두 개의 사건들 끼리는 서로 독립이다. 그러나

$$P(A \cap B \cap C) = 0 \neq 1/8 = P(A)P(B)P(C)$$

이므로, 세 개의 사건 A, B, C는 서로 독립이 아니다.

예제 1.4.12. 두 개의 주사위를 던진다고 가정하자. 세 개의 사건 A와 B, C를 다음과 같이 정의하자:

$$A = \{\text{두 번째의 주사위의 눈금이 } 1,\ 2 \text{ 또는 } 6\},$$

$$B = \{\text{두 번째의 주사위의 눈금이 } 4,\ 5 \text{ 또는 } 6\},$$

$$C = \{\text{두 주사위의 눈금의 합이 } 9\} = \{(3,6),(4,5),(5,4),(6,3)\}.$$

그러면

$$\begin{aligned} A \cap B &= \{(i,j) | j = 6\} \\ A \cap C &= \{(3,6)\} \\ B \cap C &= \{(3,6),(4,5),(5,4)\} \\ A \cap B \cap C &= \{(3,6)\} \end{aligned}$$

이고, 따라서

$$P(A \cap B \cap C) = \frac{1}{36} = \frac{1}{2} \times \frac{1}{2} \times \frac{1}{9} = P(A)P(B)P(C).$$

그러나

$$P(A \cap B) = \frac{1}{6} \neq \frac{1}{2} \times \frac{1}{2} = P(A)P(B)$$

이므로 세 사건 A, B, C는 서로 독립이 아니다.

정리 1.4.13. *(i)* $P(B^c|A) = 1 - P(B|A)$.

(ii) 만약 A와 B가 독립이면, A와 B^c도 역시 독립이다.

증명. (i)은 다음과 같이 증명된다.

$$\begin{aligned} 1 = P(S|A) &= P(B \cup B^c|A) \\ &= \frac{P((B \cup B^c) \cap A)}{P(A)} \\ &= \frac{P((B \cap A) \cup (B^c \cap A))}{P(A)} \\ &= \frac{P(B \cap A) + P(B^c \cap A)}{P(A)} \\ &= \frac{P(B \cap A)}{P(A)} + \frac{P(B^c \cap A)}{P(A)} \\ &= P(B|A) + P(B^c|A). \end{aligned}$$

별도의 방법으로, $P(\cdot|A)$가 하나의 확률측도라는 사실을 이용하면, (i)은 정리 1.2.3에 의하여 분명하다.

(ii) 만약 A와 B가 독립이면, $P(B|A) = P(B)$이다. 그리고 (i)을 이용하면, 다음 식이 성립한다.

$$\begin{aligned} P(B^c|A) &= 1 - P(B|A) \\ &= 1 - P(B) \\ &= P(B^c). \end{aligned}$$

이 식은 A와 B^c가 독립임을 말하고 있다.

□

예제 1.4.14. 두 개의 사건 A와 B가 서로 독립이라 하자. 사건 A가 일어나고 사건 B가 일어나지 않을 확률이 0.24이고, 두 개의 어떤 사건도 일어나지 않을 확률이 0.36이라 하자. 이 때 $P(A)$와 $P(B)$를 구하여라.

풀이. 정리 1.4.13에 의하여, A와 B^c는 서로 독립이다. 그러므로 주어진 조건에 의하여

$$0.24 = P(A \cap B^c) = P(A)P(B^c) = P(A)(1 - P(B))$$

이고, 따라서

$$P(A) - P(A)P(B) = 0.24 \tag{1.4.3}$$

이다. 또 다시 문제의 조건을 이용하면,

$$0.36 = P((A \cup B)^c) = 1 - P(A \cup B) = 1 - P(A) - P(B) + P(A \cap B)$$

이고, 따라서

$$1 - P(A) - P(B) + P(A)P(B) = 0.36 \tag{1.4.4}$$

이다. 두 개의 식 (1.4.3)와 (1.4.4)를 더하면, $1 - P(B) = 0.60$를 얻고, 따라서 $P(B) = 0.40$이고 $P(A) = 0.40$이다.

별도의 방법으로,

$$P(B) = 1 - P((A \cup B)^c) - P(A \cap B^c) = 1 - 0.36 - 0.24 = 0.4$$

이므로,

$$0.24 = P(A \cap B^c) = P(A)P(B^c) = P(A)(0.6)$$

이고, 따라서 $P(A) = 0.4$이다.

제 2 장

확률변수와 그의 분포

제 2.1 절 확률변수와 분포

어떤 실험에 의하여 주어지는 표본공간을 표현할 때, 개개의 표본이 반드시 실수로 나타나는 것이 아니라는 사실을 볼 수 있었다. 그러나 이 경우에 표본 그 자체에 관심을 갖기보다는 오히려 이 표본에 관련된 어떤 양에 관심을 가진다. 예를 들어, 동전을 n번 던지는 실험에서 어떤 순서로 앞면과 뒷면이 나타났는지 보다는 오히려 앞면이 나타난 횟수에 더 관심을 가질 때가 많다. 이러한 목적을 위하여, 표본공간에서 실수로 대응하는 어떤 함수를 다음과 같이 정의한다.

정의 2.1.1. 확률변수(random variable) X는 표본공간 S의 임의의 원소 s를 실수 $X(s)$로 대응시키는 함수이다. 좀 더 자세하게 설명하면, 확률변수 X는, 임의의 실수 x에 대하여 확률값 $P(\{s \in S | \quad X(s) \leq x\})$가 존재하는, S에서 정의된 함수이다. 즉, 수학적으로 말하여, X는 S에서 정의된 실수치 가측함수이다.

이 정의에서 x는 확률변수 X의 값들의 전체, 즉 치역 $\mathcal{R}(X)$에서 움직인다. 가끔 확률변수의 값이 표본점과 같을 때가 있다. 예를 들어, 하나의 주사위를 던져서 나타나는 눈금을 측정하는 실험에 의하여 얻어지는 표본공간은 $S = \{1, 2, 3, 4, 5, 6\}$이다. 확률변수 X를 주사위를 던져서 나타나는 눈금으로 정의하

면, 임의의 $s \in S$에 대하여 $X(s) = s$이다. 표현의 간단화를 위하여 $P(\{s \in S| \quad X(s) \leq x\})$를 $P(X \leq x)$로 표시하기로 한다.

정의 2.1.2. 확률변수 X의 **분포**(distribution) 혹은 **법칙**(law)은

$$P_X(A) = P(X \in A), \quad A \subset \mathcal{R}(X)$$

에 의하여 정의된 집합함수 P_X이다. 확률변수 X에 대하여,

$$F_X(x) = P_X((-\infty, x]) = P(X \leq x), \quad -\infty < x < \infty$$

에 의해 정의된 실변수함수 F_X를 X의 **(누적) 분포함수**((cumulative) distribution function)라 말한다. 함수 $S_X(x) = 1 - F_X(x) = P(X > x)$를 X의 **생존함수**(survival function) 혹은 **신뢰성함수**(reliability function)라 부른다.

확률의 정의와 성질에 의하여, 분포함수는 다음과 같은 결과를 가진다는 것을 알 수 있다:

(i) $0 \leq F_X(x) \leq 1$.

(ii) $\lim_{x\to\infty} F_X(x) = 1, \quad \lim_{x\to-\infty} F_X(x) = 0$.

(iii) $F_X(x)$는 x의 비감소함수이다.

(iv) $F_X(x)$는 우연속함수이다.

(v) $P(a < X \leq b) = F_X(b) - F_X(a)$.

(ii)를 증명하자.

$$\lim_{x\to\infty} F_X(x) = P(X < \infty) = P(\{s \in S| \quad X(s) < \infty\})$$

이다. 여기서 $B = \{s \in S| \quad X(s) < \infty\}$라 두자. 분명히 $B \subset S$이다. 반면 $s \in S$이면, X가 확률변수이므로 $X(s) < \infty$이고, 따라서 $S \subset B$이다. 그러므로 $B = S$이다. 결국 $\lim_{x\to\infty} F_X(x) = P(S) = 1$이 성립한다. 이제 (v)를 증명하자. 분명히

$$\{X \leq a\} \cup \{a < X \leq b\} = \{X \leq b\}$$

이다. 이 식의 좌변의 두 항이 서로 독립이므로, 확률의 공리 III과 분포의 정의에 의하여, 다음과 같이 (v)가 성립한다.

$$F_X(a) + P(a < X \leq b) = F_X(b).$$

정의 2.1.3. 만약 확률변수 X의 치역 $\mathcal{R}(X)$가 유한 또는 가산무한집합일 때, X를 **이산확률변수**(discrete random variable)라 부른다.

X를 이산확률변수라 하자. 그러면 X의 치역 $\mathcal{R}(X)$는 많아야 가산개의 원소를 가지는데, 이들을 $x_1, x_2, \cdots$ 라 두자. 이 때 임의의 $x_i \in \mathcal{R}(X)$에 대하여

$$p_X(x_i) = P(X = x_i)$$

에 의하여 정의된 함수 p_X를 X의 **확률질량함수**(probability mass function, pmf)라 부른다. X의 확률질량함수 p_X는 다음의 두 조건은 만족한다:

(a) $0 \leq p_X(x_i) \leq 1 \quad \forall i$

(b) $\sum_{i=1}^{\infty} p_X(x_i) = 1$.

역으로, 위의 두 조건을 만족하는 함수는 어떤 적당한 이산확률변수의 확률질량함수가 된다는 사실이 알려져 있다. 다음 성질은 쉽게 증명된다.

$$F_X(x) = \sum_{x_i \leq x} p_X(x_i) \quad \forall x.$$

예제 2.1.4. 정상적인 주사위 한 개를 짝수가 처음 나타날 때까지 반복해서 던진다. 확률변수 X를 처음 짝수가 나타날 때까지 던진 횟수라 정의한다. 이 때, X가 홀수일 확률을 구하여라.

풀이. X는 양의 정수값을 가지는 이산확률변수이다. A를 모든 홀수의 집합이라 하자. 확률 $P(X \in A)$를 구하면 된다. 주사위를 i-번째 던질 때 짝수가 될 사건을 A_i라 두면, 분명히 모든 $i = 1, 2, \cdots$에 대하여, $P(A_i) = P(A_i^c) = 1/2$가 성

립할 것이다. 그러므로 확률질량함수 $p_X(n) = P(X = n)$는

$$\begin{aligned} p_X(n) &= P(A_1^c \cap A_2^c \cap \cdots A_{n-1}^c \cap A_n) \\ &= P(A_1^c) \cdot P(A_2^c) \cdots P(A_{n-1}^c) \cdot P(A_n) \\ &= \left(\frac{1}{2}\right)^{n-1} \left(\frac{1}{2}\right) = \frac{1}{2^n} \end{aligned}$$

에 의해 주어지고, 따라서

$$\begin{aligned} P(X \in A) &= P(\{X = 1\} \cup \{X = 3\} \cup \{X = 5\} \cup \cdots) \\ &= p_X(1) + p_X(3) + p_X(5) + \cdots \\ &= \frac{1}{2} + \left(\frac{1}{2}\right)^3 + \left(\frac{1}{2}\right)^5 + \cdots \\ &= \frac{1}{2}\left\{1 + \left(\frac{1}{2}\right)^2 + \left(\frac{1}{2}\right)^4 + \cdots\right\} \\ &= \frac{1}{2}\left\{\frac{1}{1 - (1/2)^2}\right\} = \frac{2}{3}. \end{aligned}$$

정의 2.1.5. 확률변수 X의 분포함수 $F_X(x)$가 절대연속일 때, 즉 적당한 음이 아닌 함수 $f_X(x)$가 존재하여 모든 실수 x에 대하여

$$F_X(x) = \int_{-\infty}^{x} f_X(u)du$$

를 만족할 때, X를 연속확률변수라 부른다. 이 때, 존재한 함수 $f_X(x)$를 X의 **확률밀도함수**(probability density function, pdf)라 부른다.

분명히 X의 확률밀도함수 $f_X(x)$는 다음 두 조건을 만족한다:

(a) $f_X(x) \geq 0 \quad \forall x,$

(b) $\int_{-\infty}^{+\infty} f_X(x)dx = 1$

그리고 역으로, 이들 두 조건을 만족하는 함수는 어떤 적당한 연속확률변수의 확률밀도함수가 된다는 사실이 알려져 있다. 그리고 임의의 $-\infty < a \leq b < +\infty$에 대하여, 다음 식이 성립한다.

$$P(a \leq X \leq b) = \int_{a}^{b} f_X(x)dx. \tag{2.1.1}$$

참고 2.1.6. X연속확률변수라 하자.

(1) 등식 (2.1.1)로부터, 임의의 $-\infty < a < +\infty$에 대하여,

$$P(X = a) = P(a \le X \le a) = \int_a^a f_X(x)dx = 0$$

가 성립하고, 따라서

$$P(a < X < b) = P(a \le X < b) = P(a < X \le b) = P(a \le X \le b).$$

(2) 정의 2.1.5에 의하여, 분포함수 F_X는 연속이고 비감소 미분가능한 함수이며 $\frac{d}{dx}F_X(x) = f_X(x)$이다.

(3) 다음과 같이 정의된 함수

$$\begin{aligned} h_X(x) &= -\frac{d}{dx}\ln S_X(x) = -\frac{d}{dx}\ln\{1 - F_X(x)\} \\ &= f_X(x)/\{1 - F_X(x)\} = f_X(x)/S_X(x) \end{aligned}$$

를 X의 **위험률**(hazard rate) 혹은 **고장률**(failure rate)이라 부른다.

예제 2.1.7. X를 정상적인 주사위를 한 번 던져서 나타나는 눈금의 수를 나타내는 확률변수라 하자. 그러면 X는 확률질량함수 $p_X(x) = P(X = x) = 1/6, \quad x = 1, 2, 3, 4, 5, 6$를 가지는 이산확률변수이다. 그러므로 분포함수는 다음과 같이 주어진다.

$$F_X(x) = P(X \le x) = \sum_{x_k \le x} p_X(x_k) = \begin{cases} 0 & \text{if} \quad x < 1 \\ \frac{1}{6} & \text{if} \quad 1 \le x < 2 \\ \frac{2}{6} & \text{if} \quad 2 \le x < 3 \\ \frac{3}{6} & \text{if} \quad 3 \le x < 4 \\ \frac{4}{6} & \text{if} \quad 4 \le x < 5 \\ \frac{5}{6} & \text{if} \quad 5 \le x < 6 \\ 1 & \text{if} \quad x \ge 6. \end{cases}$$

분포함수 $F_X(x)$의 그래프는 $x = 1, 2, \cdots, 6$에서 점프하고, 각 점프의 높이는 $1/6$이다.

예제 2.1.8. X를 구간 (0,1)에서 값을 가지는 연속확률변수라 하고, 확률밀도함수가

$$f_X(x) = \begin{cases} 2x, & 0 < x < 1 \\ 0, & \text{그 외에서.} \end{cases}$$

에 의하여 주어졌다고 하자.

(i) $P(X \leq 1/2 | 1/3 \leq X \leq 2/3)$를 계산하여라.

(ii) X의 분포함수를 구하여라.

풀이. (i) 조건부확률의 정의를 적용하면, 다음과 같이 계산된다.

$$\begin{aligned} P\left(X \leq \frac{1}{2} \mid \frac{1}{3} \leq X \leq \frac{2}{3}\right) &= \frac{P(1/3 \leq X \leq 1/2)}{P(1/3 \leq X \leq 2/3)} \\ &= \frac{\int_{1/3}^{1/2} 2x dx}{\int_{1/3}^{2/3} 2x dx} = \frac{5/36}{1/3} \\ &= \frac{5}{12}. \end{aligned}$$

(ii) 분포함수는 다음과 같이 주어진다.

$$F_X(x) = \begin{cases} 0 & \text{if} \quad x \leq 0, \\ \int_0^x 2t dt = x^2 & \text{if} \quad 0 < x \leq 1, \\ 1 & \text{if} \quad x > 1. \end{cases}$$

예제 2.1.9. 연속확률변수 X의 확률밀도함수가 다음과 같다고 가정하자.

$$f_X(x) = Ke^{-|x|} \quad -\infty < x < \infty.$$

이 때, 상수 K를 결정하고, 확률 $P(|X| < a)$를 계산하여라.

풀이. 상수 K를 결정하기 위하여 정의 2.1.2(b)를 이용하면,

$$1 = \int_{-\infty}^{\infty} Ke^{-|x|} dx = 2 \int_0^{\infty} Ke^{-x} dx = 2K.$$

이고, 따라서 K=1/2이다. 그리고

$$\begin{aligned} P(|X| < a) &= \frac{1}{2}\int_{-a}^{a} e^{-|x|}dx \\ &= 2\left(\frac{1}{2}\right)\int_{0}^{a} e^{-x}dx \\ &= 1 - e^{-a} \end{aligned}$$

정의 2.1.10. 분포함수가 어떤 점에서 점프하고 또 어떤 구간에서 연속이며 강증가(strictly increasing)하는 확률변수는 **혼합분포**(mixed distribution)를 가진다고 말한다. 분포함수가 점프하는 점에서의 총확률질량과 분포함수가 연속이고 강증가하는 구간에서의 확률밀도함수의 적분값의 합은 1이 되어야 한다.

예제 2.1.11. 확률변수 X가 $X = 0$와 $X = 1$에서 각각 확률질량 0.5와 0.4를 가진다고 하고, 또 X가 구간 $0 < x < 1$에서 확률밀도함수 $f_X(x) = x/5$를 가진다고 하고, 그 외의 점이나 구간에서는 양의 확률질량이나 밀도함수를 가지지 않는다고 하자. 이 확률변수는 혼합분포를 가진다. 실제로, 이 확률변수의 치역은 구간 [0,1]이고

$$P(X = 0) + P(X = 1) + \int_{0}^{1} \frac{x}{5}dx = 0.5 + 0.4 + 0.1 = 1$$

이다. 이 경우

$$P(0 < X < 0.5) = \int_{0}^{0.5} (x/5)dx = 0.05$$

이다. 그러나

$$F_X(0.5) = P(0 \le X < 0.5) = P(X = 0) + \int_{0}^{0.5} (x/5)dx = 0.5 + 0.05 = 0.55.$$

제 2.2 절 기댓값과 분산

인구조사의 경우처럼 조사 대상의 집단의 크기가 매우 큰 경우에 우리는 집단 내의 개체 각각이 가지고 있는 관찰치에 관심을 가지기보다는 오히려 집단의 속성을 나타내는 평균값이나 중간값에 관심을 가진다. 이 절에서는 역시 집단의 속성을 나타내는 *기댓값*과 *분산*에 관하여 소개한다.

정의 2.2.1. X를 값 $x_1, x_2, \cdots$를 가지는 이산확률변수라 하자. 이 때

$$E[X] = \sum_{i=1}^{\infty} x_i p_X(x_i) \tag{2.2.1}$$

를 X의 **기댓값**(expectation)이라 부른다. 단, 우변의 급수는 $\sum_{i=1}^{\infty} x_i p_X(x_i)$가 절대연속, i.e., $\sum_{i=1}^{\infty} |x_i| p_X(x_i) < \infty$일 때 의미가 있다. X의 기댓값을 X의 **평균값**(mean value)이라 부르기도 한다.

만약 이산확률변수 X의 치역 $\mathcal{R}(X)$가 유한집합이면, 등식 (2.2.1)는 $E[X] = \sum_{i=1}^{n} x_i p_X(x_i)$가 된다. 이것은 X의 값들 $x_1, x_2, \cdots, x_n$의 가중평균(weighted average)이다. 그리고 만약 X가 이들 값을 취할 확률이 동등하면, 기댓값은 산술평균 $E[X] = (1/n)\sum_{i=1}^{n} x_i$가 된다. 예를 들어, 정상적인 주사위를 던져서 나타나는 눈금의 수를 확률변수 X로 표시하면, $E[X] = \frac{1}{6}(1+2+3+4+5+6) = \frac{7}{2}$이 된다.

예제 2.2.2. 두 명의 학생 a와 b가 순서대로 주사위를 던지는 게임을 하고 있다. 눈금 "3"이 먼저 나타나는 학생이 이긴다. 이 게임은 "3"이 나타날 때까지 계속된다. X를 학생 b가 이길 때까지 두 학생이 주사위를 던진 횟수라 하자. 이 때 X의 기댓값 $E[X]$를 계산하여라.

풀이. 만약 주사위를 i번째 던질 때 눈금 "3"이 나올 사건을 A_i라 하면, 모든 $i = 1, 2, \cdots$에 대하여, $P(A_i) = 1/6$이고 $P(A_i^c) = 5/6$이다. 그래서 X의 확률

질량함수 $p_X(n) = P(X = n)$는 다음과 같이 주어진다.

$$\begin{aligned} p_X(n) &= P(A_1^c \cap A_2^c \cap \cdots A_{n-1}^c \cap A_n) \\ &= P(A_1^c) \cdot P(A_2^c) \cdots P(A_{n-1}^c) \cdot P(A_n) \\ &= \left(\frac{5}{6}\right)^{n-1} \left(\frac{1}{6}\right). \end{aligned}$$

X가 값들 $2, 4, 6, \cdots$을 가지므로, 정의 2.2.1에 의하여,

$$\begin{aligned} E[X] &= \sum_{k=1}^{\infty} 2kP(X = 2k) \\ &= \sum_{k=1}^{\infty} 2kp_X(2k) \\ &= \sum_{k=1}^{\infty} 2k \left(\frac{5}{6}\right)^{2k-1} \left(\frac{1}{6}\right) \\ &= 2 \cdot \frac{5}{6} \cdot \frac{1}{6} + 4 \cdot \left(\frac{5}{6}\right)^3 \cdot \frac{1}{6} + 6 \cdot \left(\frac{5}{6}\right)^5 \cdot \frac{1}{6} + \cdots \\ &= \frac{1}{6} \left\{ 2 \cdot \frac{5}{6} + 4 \cdot \left(\frac{5}{6}\right)^3 + 6 \cdot \left(\frac{5}{6}\right)^5 + \cdots \right\} \end{aligned}$$

이다. 여기서 다음과 같은 사실을 이용한다.

$$\begin{aligned} 2x + 4x^3 + 6x^5 + \cdots &= \frac{d}{dx}\left(x^2 + x^4 + x^6 + \cdots\right) \\ &= \frac{d}{dx}\left(1 + x^2 + x^4 + x^6 + \cdots\right) \\ &= \frac{d}{dx}\left\{\frac{1}{1 - x^2}\right\} \\ &= \frac{2x}{(1 - x^2)^2}. \end{aligned}$$

그러면

$$E[X] = \frac{1}{6} \times \frac{2 \times (5/6)}{\left\{1 - (5/6)^2\right\}^2} = \frac{360}{121}.$$

정의 2.2.3. 확률밀도함수 f_X를 가지는 연속확률변수 X의 **기댓값**(expectation) $E[X]$를

$$E[X] = \int_{-\infty}^{\infty} x f_X(x)dx \tag{2.2.2}$$

에 의하여 정의한다. 단, $\int_{-\infty}^{\infty} |x| f_X(x)dx < \infty$ 이다.

정리 2.2.4. *확률변수 X와 함수 h에 대하여, $h(X)$의 기댓값은 다음과 같다.*
(i) 만약 X가 이산이면,

$$E[h(X)] = \sum_{i=1}^{\infty} h(x_i)p_X(x_i). \tag{2.2.3}$$

(ii) 만약 X가 연속이면,

$$E[h(X)] = \int_{-\infty}^{\infty} h(x)f_X(x)dx. \tag{2.2.4}$$

증명. (ii)의 증명은 좀 복잡하기 때문에, 오직 (i)만 증명하겠다. X를 이산확률변수라 하고 $P(X \in A) = 1$이라 가정하자. 만약 함수 $y = h(x)$가 A에서 어떤 집합 B로의 일대일 대응이면, 임의의 $y \in B$에 대하여,

$$p_{h(X)}(y) = P(h(X) = y) = P(X = h^{-1}(y)) = P(X = x) = p_X(x)$$

가 성립한다. 그러므로 정의 2.2.1에 의하여, 다음과 같이 주어진다.

$$E[h(X)] = \sum_{y \in B} y p_{h(X)}(y) = \sum_{x \in A} h(x)p_X(x).$$

□

참고 2.2.5. 확률변수 X가 양의 질량 $P(X = a)$와 $P(X = b)$를 가지고 또 구간 (a, b)에서 연속인 확률밀도함수 $f_X(x)$를 가지고 다음 등식

$$P(X = a) + P(X = b) + \int_a^b f_X(x)dx = 1$$

를 만족하는 혼합분포를 가진다고 하자. 이 경우 X의 **기댓값**(expectation)을 다음과 같이 정의한다.

$$E[X] = aP(X = a) + bP(X = b) + \int_a^b x f_X(x) dx.$$

정의 2.2.6. n이 양의 정수일 때, 함수 $h(x) = x^n$은 특히 중요하다. 만약 기댓값 $E[X^n]$이 존재할 때, 이것을 확률변수 X의 n**차 모멘트**(n-th moment)라 부른다. 만약 $E[X] = \mu_X$이면, $E[(X - \mu_X)^n]$를 μ_X**를 중심으로 하는** X**의** n**차 모멘트**(n-th central moment of X about the mean μ_X)라 부른다. $n = 2$인 경우, μ_X를 중심으로 하는 X의 2차 모멘트를 X의 **분산**(variance)이라 부르고 $Var(X)$ 또는 σ_X^2로 표시한다. 즉,

$$Var(X) = E[(X - E[X])^2] = E[X^2] - E[X]^2.$$

분산은 X의 값들이 평균값의 주위에 얼마나 퍼져 있는지의 정도를 나타낸다. 그리고 $\sigma_X = \sqrt{Var(X)}$를 X의 **표준편차**(standard deviation)라 부른다.

참고 2.2.7. (1) 사건 A에 대하여,

$$X(s) = I_A(s) = \begin{cases} 1 & \text{if} \quad s \in A, \\ 0 & \text{if} \quad s \in A^c \end{cases}$$

라 정의하자. 그러면 $E[X] = P(A)$이 성립한다. 실제로,

$$\begin{aligned} E[X] &= E[I_A] \\ &= 1 \cdot P(I_A = 1) + 0 \cdot P(I_A = 0) \\ &= P(I_A = 1) \\ &= P(\{s \in S | I_A(s) = 1\}) \\ &= P(\{s \in S | s \in A\}) \\ &= P(A). \end{aligned}$$

여기서 $I_A(s)$는 집합 A의 **정의함수**(indicate function)이다.

(2) $0 < \alpha < 1$일 때, 다음 두 개의 부등식

$$P(X \le x_\alpha) \ge \alpha \quad \text{와} \quad P(X \ge x_\alpha) \ge 1 - \alpha.$$

를 만족하는 수 x_α를 확률변수 X의 분포의 100α **퍼센트 점**(100α-th percentile)이라 부른다.

연속확률변수의 경우, x_α는 오직 한 개의 등식 $P(X \le x_\alpha) = \alpha$를 만족하는 수이다. 만약 $\alpha = 0.5$이면, 분포의 50퍼센트 점을 분포의 **중간값**(median)이라 부르고 M으로 표시한다. 즉, i.e., $P(X \le M) = 0.5$이다.

확률변수 X의 확률질량함수 $p_X(x)$ 또는 확률밀도함수 $f_X(x)$가 최대가 되는 점 x를 X의 **모드**(mode)라 부른다.

확률변수 X의 기댓값이 μ_X이고 분산이 σ_X^2일 때, X의 **비대칭도**(skewness)를 $E\left[(X-\mu_X)^3\right]/\sigma_X^3$에 의하여 정의한다.

X가 확률밀도함수 f_X를 가지는 연속확률변수일 때, 만약, 임의의 x에 대하여, $f_X(a+x) = f_X(a-x)$이면, X는 점 a를 중심으로 하여 **대칭**(symmetric)이라 말한다. 이 경우, 분명히 X의 기댓값과 중간값은 a가 된다.

(3) 임의의 상수 a와 b 그리고 확률변수 X에 대하여, $E[aX+b] = aE[X]+b$와 $Var(aX+b) = a^2Var(X)$임을 쉽게 확인할 수 있다. 이들 식에 $E[X] = \mu_X$와 $Var(X) = \sigma_X^2$를 적용하면 다음 결과를 얻는다.

$$E\left[\frac{X-\mu_X}{\sigma_X}\right] = 0 \quad \text{이고} \quad Var\left(\frac{X-\mu_X}{\sigma_X}\right) = 1$$

(4) 확률변수 X의 **적률생성함수**(moment generating function)(mgf) $M_X(t)$는 $M_X(t) = E\left[e^{tX}\right]$에 의하여 정의되는데, 이것은 X가 이산이면 $\sum_x e^{tx}p_X(x)$, 연속이면 $\int_{-\infty}^{\infty} e^{tx}f_X(x)dx$에 의하여 주어진다. 적률생성함수에 관한 다음 결과들은 쉽게 얻어진다.

(i) $M_X(0) = 1$,

(ii) $M_X'(0) = E[X]$,

(iii) 임의의 $n = 2, 3, \cdots$에 대하여, $\frac{d^n M_X}{dt^n}(0) = E[X^n]$이고, 따라서

(iv) $Var(X) = M''_X(0) - \{M'_X(0)\}^2$.

정리 2.2.8. *X를 확률밀도함수 f_X가 구간 $[a, b)$에서 정의되는(만약 $x \leq a$, $f_X(x) = 0$) 연속확률변수라 하고, F_X를 X의 분포함수라 하자. 단, $-\infty < a$이고 $b \leq \infty$이다. 이 때, 다음 식이 성립한다.*

$$E[X] = a + \int_a^b (1 - F_X(x))dx. \tag{2.2.5}$$

증명. $b = \infty$인 경우의 등식 (2.2.5), 즉,

$$E[X] = a + \int_a^\infty (1 - F_X(x))dx,$$

만 증명하자. b가 유한인 경우의 증명도 비슷한데 계산이 더 쉽다. 부분적분법에 의하여, 다음과 같이 계산된다.

$$\begin{aligned}
E[X] &= \int_a^\infty x f_X(x)dx \\
&= \lim_{u\to\infty} \int_a^u x f_X(x)dx \\
&= \lim_{u\to\infty} \int_a^u x F'_X(x)dx \\
&= \lim_{u\to\infty} \left\{ [xF_X(x)]_a^u - \int_a^u F_X(x)dx \right\} \\
&= \lim_{u\to\infty} \left\{ uF_X(u) - \int_a^u F_X(x)dx \right\} \quad \text{since} \quad F_X(a) = 0 \\
&= \lim_{u\to\infty} \left\{ a - u(1 - F_X(u)) + u - a - \int_a^u F_X(x)dx \right\} \\
&= \lim_{u\to\infty} \left\{ a - u(1 - F_X(u)) + \int_a^u 1dx - \int_a^u F_X(x)dx \right\} \\
&= \lim_{u\to\infty} \left\{ a - u(1 - F_X(u)) + \int_a^u (1 - F_X(x))dx \right\}.
\end{aligned}$$

그러나

$$\begin{aligned} u(1 - F_X(u)) &= u(1 - P(X \le u)) \\ &= uP(X \ge u) \\ &= u \int_u^\infty f_X(x)dx \\ &< \int_u^\infty x f_X(x)dx \\ &= \int_a^\infty x f_X(x)dx - \int_a^u x f_X(x)dx \end{aligned}$$

이다. 여기서 $\int_a^\infty |x| f_X(x)dx = E[|X|] < \infty$이므로, $u \to \infty$일 때, 위의 우변은 0에 수렴하고, 따라서 $\lim_{u\to\infty} u(1 - F_X(u)) = 0$이다. 그러므로

$$\begin{aligned} E[X] &= a + \lim_{u\to\infty} \int_a^u (1 - F_X(x))dx \\ &= a + \int_a^\infty (1 - F_X(x))dx. \end{aligned}$$

증명은 끝난다. □

정리 2.2.9 (옌센의 부등식(Jensen's inequality)). *만약 실변수함수 $h(x)$가 컴벡스이면, 즉, 모든 실수 x에 대하여 $h''(x) \ge 0$이면,*

$$E[h(X)] \ge h(E[X]).$$

단, 이 등식은 기댓값들이 유한값으로 존재할 때 의미를 가진다.

증명. 함수 $h(x)$의 $\mu = E[X]$를 중심으로 하는 테일러(Taylor)의 급수전개공식에 의하여,

$$h(x) = h(\mu) + h'(\mu)(x - \mu) + \frac{h''(\xi)(x - \mu)^2}{2}$$

가 된다. 단, ξ는 x와 μ의 사이의 적당한 실수이다. $h''(x) \ge 0$이므로,

$$h(x) \ge h(\mu) + h'(\mu)(x - \mu)$$

이다. 따라서

$$h(X) \ge h(\mu) + h'(\mu)(X - \mu)$$

를 얻는다. 양변에 기댓값을 취하면,

$$E[h(X)] \geq h(\mu) + h'(\mu)E[(X-\mu)] = h(\mu)$$

이고, 정리의 증명은 끝난다. □

예제 2.2.10. $h(x) = x^2$라 하면, 모든 x에 대하여, $h''(x) = 2 \geq 0$이고, 따라서 $E[X^2] \geq E[X]^2$이다. 이것은 $E[X^2] - E[X]^2 = Var(X) \geq 0$라는 사실로부터도 참임을 알 수 있다. 컴벡스함수의 또 다른 예는, 모든 x에 대하여 $h(x) = e^{kx}$와 모든 $x \geq 0$에 대하여 $h(x) = -x^{1/k}$이다.

정리 2.2.11 (체비셰프의 부등식(Chebyshev's inequality)). *X를 $E[X] = \mu$인 확률변수라 하고 c를 임의의 실수라 하자. 만약 ϵ이 양수이고 $E[(X-c)^2] < \infty$이면, 다음 부등식이 성립한다.*

$$P(|X-c| \geq \epsilon) \leq \frac{E[(X-c)^2]}{\epsilon^2}. \tag{2.2.6}$$

다음 공식들은 등식 (2.2.6)로부터 직접 얻을 수 있다:
(i) $c = E[X] = \mu$를 택하면,

$$P(|X-\mu| \geq \epsilon) \leq \frac{Var(X)}{\epsilon^2}. \tag{2.2.7}$$

(ii) $c = E[X] = \mu$와, $\sigma^2 = Var(X)$일 때, $\epsilon = k\sigma$를 택하면,

$$P(|X-\mu| \geq k\sigma) \leq \frac{1}{k^2}. \tag{2.2.8}$$

마지막 공식 (2.2.8)은 분산이 X의 값이 μ의 근처에 얼마나 집중적으로 분포하고 있는지의 정도를 나타내고 있음을 나타내고 있다.

증명. 이산인 경우는 정적분 기호 대신에 합의 기호를 사용하면 되기 때문에 연속확률변수인 경우만 증명하겠다. 그래서 X를 확률밀도함수 $f_X(x)$를 가지는 연

속확률변수라 하자. 기댓값의 정의에 의하여,

$$
\begin{aligned}
E[(X-c)^2] &= \int_{-\infty}^{\infty} (x-c)^2 f_X(x)dx \\
&= \int_{\{x:|x-c|\geq\epsilon\}} (x-c)^2 f_X(x)dx + \int_{\{x:|x-c|<\epsilon\}} (x-c)^2 f_X(x)dx \\
&\geq \int_{-\infty}^{\infty} \epsilon^2 I_{\{x:|x-c|\geq\epsilon\}}(x) f_X(x)dx \\
&= \epsilon^2 E[I_{(|X-c|\geq\epsilon)}] \\
&= \epsilon^2 P(|X-c|\geq\epsilon) \quad (\text{참고 } 2.2.7(1)\text{에 의하여}).
\end{aligned}
$$

이것으로 증명은 끝난다. □

예제 2.2.12. 체비셰프의 부등식 (2.2.8)에서 $k = 3/2$를 택하면,

$$P(|X-\mu| \geq \frac{3}{2}\sigma) \leq \frac{4}{9} = 0.44.$$

만약 기댓값과 고차의 모멘트가 주어지면, 적어도 어떤 경우에 체비셰프의 부등식보다 더 자세한 결과를 얻을 수 있다. 예를 들어, X를 구간 $1-1/\sqrt{3} < x < 1+1/\sqrt{3}$에서 양이고 그 밖에서는 0인 pdf $f_X(x) = \sqrt{3}/2$를 가지는 연속확률변수라 하자. 그러면 $E[X] = 1$ $Var(X) = 1/9$이고, 따라서

$$
\begin{aligned}
P(|X-\mu| \geq \frac{3}{2}\sigma) &= P(|X-1| \geq \frac{1}{2}) \\
&= 1 - P(|X-1| < \frac{1}{2}) \\
&= 1 - P(\frac{1}{2} < X < \frac{3}{2}) \\
&= 1 - \frac{\sqrt{3}}{2} = 0.134.
\end{aligned}
$$

그러나 주어진 확률변수의 분포에 관하여 특별한 가정이 주어져 있지 않는 경우가 많다. 이러한 경우에 체비셰프의 부등식은 확률변수의 성질에 관한 많은 정보를 제공한다.

참고 2.2.13. 임의의 확률변수 X에 대하여, $X \leq |X|$이고 $-X \leq |X|$이므로, $E[X] \leq E[|X|]$이고 $-E[X] \leq E[|X|]$이다. 따라서

$$|E[X]| \leq E[|X|]$$

이 성립한다.

정리 2.2.14 (슈바르츠의 부등식(Schwartz's inequality)). *확률변수 X에 대하여, $E[X^2]$와 $E[Y^2]$가 유한이라 가정하자. 그러면 $E[XY]$는 유한이고,*

$$|E[XY]|^2 \leq E[|X|^2]E[|Y|^2].$$

증명. 만약 X가 0이면, 바로 등식이 성립한다. 그래서 X가 0이 아니라 가정하자. 그러면 $E[|X|^2] > 0$이다. 임의의 실수 x에 대하여,

$$h(x) = E[(x|X| + |Y|)^2] = E[|X|^2]x^2 + 2E[|XY|]x + E[|Y|^2]$$

라 두자. 함수 $h(x)$가 음이 아닌 확률변수의 기댓값이므로, 모든 x에 대하여, 음이 아닌 값을 가진다. 따라서 2차식 $h(x) = 0$은 실근을 가지지 않거나 한 개의 실중복근을 가진다. 그러므로 판별식이 ≤ 0이어야 한다. 즉,

$$E[|XY|]^2 - E[|X|^2]E[|Y|^2] \leq 0.$$

이 식과 참고 2.2.13에 의하여, 정리가 성립한다. □

제 2.3 절 특수한 이산확률분포

이 절에서는 자주 사용되는 확률질량함수에 의해 기술되는 몇 개의 특수한 이산확률변수들에 관하여 공부한다. 이 절의 결과들은 실제적 응용에서 뿐만 아니라 이론적으로도 사용된다.

정의 2.3.1. 이산확률변수 X가 n개의 실수 $\{x_1, x_2, \cdots, x_n\}$에 대하여 아래과 같은 확률질량함수를 가질 때, $\{x_1, x_2, \cdots, x_n\}$ 위에서 **균등분포**(uniform distribution)를 가진다고 하고 $X \sim U(x_1, x_2, \cdots, x_n)$라 표시한다.

$$p_X(x_k) = P(X = x_k) = \frac{1}{n}, \quad k = 1, 2, \cdots, n.$$

정리 2.3.2. 만약 $X \sim U(x_1, x_2, \cdots, x_n)$이면,

$$E[X] = \frac{1}{n}\sum_{k=1}^{n} x_k, \quad Var(X) = \frac{1}{n}\sum_{k=1}^{n}(x_k - \overline{x})^2$$

단, $\overline{x} = \sum_{k=1}^{n} x_k/n$.

증명. 이산확률변수의 기댓값의 정의에 의하여,

$$E[X] = \sum_{k=1}^{n} x_k p_X(x_k) = \frac{1}{n}\sum_{k=1}^{n} x_k$$

이다. 비슷한 계산에 의하여

$$E[X^2] = \sum_{k=1}^{n} x_k^2 p_X(x_k) = \frac{1}{n}\sum_{k=1}^{n} x_k^2$$

이고, 따라서

$$\begin{aligned}
Var(X) &= \frac{1}{n}\sum_{k=1}^{n} x_k^2 - \left(\frac{1}{n}\sum_{k=1}^{n} x_k\right)^2 \\
&= \frac{1}{n}\sum_{k=1}^{n} x_k^2 - \overline{x}^2 \\
&= \frac{1}{n}\sum_{k=1}^{n} x_k^2 - 2\overline{x}^2 + \overline{x}^2 \\
&= \frac{1}{n}\sum_{k=1}^{n} x_k^2 - \frac{2}{n}\sum_{k=1}^{n} x_k\overline{x} + \frac{1}{n}\sum_{k=1}^{n} \overline{x}^2 \\
&= \frac{1}{n}\sum_{k=1}^{n} \left(x_k^2 - 2x_k\overline{x} + \overline{x}^2\right) \\
&= \frac{1}{n}\sum_{k=1}^{n}(x_k - \overline{x})^2.
\end{aligned}$$

이것으로 증명은 끝난다. □

참고 2.3.3. 정리 2.3.2에서, 만약 $x_k = k,\ k = 1, 2, \cdots, n$이면,

$$E[X] = \frac{n+1}{2}, \quad E[X^2] = \frac{(n+1)(2n+1)}{6} \tag{2.3.1}$$

와

$$Var(X) = \frac{n^2-1}{12} \tag{2.3.2}$$

를 얻는다. 이들은 다음 공식을 이용하여 바로 증명된다.

$$\sum_{k=1}^{n} k = \frac{n(n+1)}{2} \quad , \quad \sum_{k=1}^{n} k^2 = \frac{n(n+1)(2n+1)}{6}.$$

정의 2.3.4. 이산확률변수 X가 $0, 1, 2, \cdots$의 값을 가진다고 하자. 이것의 확률질량함수가

$$p_X(k) = P(X = k) = \frac{e^{-\lambda}\lambda^k}{k!},$$

에 의하여 주어질 때, X는 모수(parameter) $\lambda > 0$인 **포아송 분포**(Poisson distribution)를 가진다고 하고, $X \sim P(\lambda)$로 표시한다.

정리 2.3.5. 만약 $X \sim P(\lambda)$이면,

$$E[X] = Var(X) = \lambda.$$

증명. 기댓값의 정의에 의하여,

$$E[X] = \sum_{k=0}^{\infty} \frac{ke^{-\lambda}\lambda^k}{k!} = \sum_{k=1}^{\infty} \frac{e^{-\lambda}\lambda^k}{(k-1)!}.$$

$i = k-1$라 두면, 다음과 같이 된다.

$$E[X] = \sum_{i=0}^{\infty} \frac{e^{-\lambda}\lambda^{i+1}}{i!} = \lambda \sum_{i=0}^{\infty} \frac{e^{-\lambda}\lambda^i}{i!} = \lambda.$$

비슷한 계산에 의하여,

$$E[X^2] = \sum_{k=0}^{\infty} \frac{k^2 e^{-\lambda}\lambda^k}{k!} = \sum_{k=1}^{\infty} k \frac{e^{-\lambda}\lambda^k}{(k-1)!}.$$

또 다시 $i = k - 1$라 두면,

$$\begin{aligned} E[X^2] &= \sum_{i=0}^{\infty}(i+1)\frac{e^{-\lambda}\lambda^{i+1}}{i!} \\ &= \lambda\sum_{i=0}^{\infty} i\frac{e^{-\lambda}\lambda^{i}}{i!} + \lambda\sum_{i=0}^{\infty}\frac{e^{-\lambda}\lambda^{i}}{i!} \\ &= \lambda^2 + \lambda. \end{aligned}$$

마지막 등식은 첫 번째 항의 합이 $E[X] = \lambda$이고 두 번째 항의 합이 1이기 때문에 성립한다. 그러므로

$$Var(X) = E[X^2] - E[X]^2 = \lambda^2 + \lambda - \lambda^2 = \lambda.$$

별도의 방법으로,

$$\begin{aligned} M_X(t) &= \sum_{k=0}^{\infty} e^{kt}\frac{e^{-\lambda}\lambda^{k}}{k!} \\ &= \sum_{k=0}^{\infty}\frac{e^{-\lambda}(e^t\lambda)^{k}}{k!} \\ &= \sum_{k=0}^{\infty}\frac{e^{-e^t\lambda}(e^t\lambda)^{k}}{k!}e^{-\lambda}e^{e^t\lambda} \\ &= e^{e^t\lambda-\lambda} \\ &= e^{\lambda(e^t-1)} \end{aligned}$$

이므로, $E[X] = M_X'(0) = \lambda$이고 $E[X^2] = M_X''(0) = \lambda^2+\lambda$이다. 따라서 $Var(X) = \lambda$이다. 이것으로 증명은 끝난다. □

예제 2.3.6. 포아송 분포는 어떤 특정한 기간에 일어나는 어떤 특정한 사건의 횟수를 계산하기 위한 모델로 사용된다. 지금 X를 어느 한 시간 동안 은행에 서비스를 받기 위하여 도착하는 고객의 수라 하고 X가 포아송 분포를 가진다고 가정하자. 만약 한 시간 동안 한 명의 고객도 도착하지 않을 확률을 e^{-30}라 가정하면,

$$e^{-30} = P(X=0) = \frac{e^{-\lambda}\lambda^0}{0!} = e^{-\lambda}$$

이고, 따라서 $\lambda = 30$이다. 이것은 $E[X] = 30$, 즉, 한 시간 동안 은행에 서비스를 받기 위하여 도착하는 고객의 수의 평균이 30이라는 것을 의미한다.

오직 두 가지의 결과(예를 들어, 확률 p로 성공 그리고 확률 $1-p=q$로 실패)만 일어나는 독립 시행을 **베르누이 시행**(Bernoulli trial)이라 부른다. 만약 n번의 베르누이 시행에서 성공이 나타나는 횟수를 X라 두면, X는 0과 n 사이의 정수값을 가지는 확률변수인데, 다음과 같은 확률질량함수를 가진다.

$$p_X(k) = P(X=k) = \binom{n}{k} p^k (1-p)^{n-k}, \quad k = 0, 1, 2, \cdots, n \tag{2.3.3}$$

정의 2.3.7. 이산확률변수 X의 확률질량함수가 식 (2.3.3)에 의해 주어질 때, X는 모수 n과 p의 **이항분포**(binomial distribution)를 가진다고 하고 $X \sim B(n,p)$로 표시한다. 특히 $n=1$, 즉, $X \sim B(1,p)$인 경우, X를 **베르누이 확률변수**(Bernoulli random variable)라 부른다.

정리 2.3.8. 만약 $X \sim B(n,p)$이면,

$$E[X] = np, \quad Var(X) = np(1-p).$$

증명. 이산확률변수의 기댓값의 정의에 의하여,

$$\begin{aligned} E[X] &= \sum_{k=1}^{n} k p_X(k) \\ &= \sum_{k=1}^{n} k \binom{n}{k} p^k (1-p)^{n-k} \\ &= \sum_{k=1}^{n} k \frac{n}{k} \binom{n-1}{k-1} p p^{k-1} (1-p)^{(n-1)-(k-1)} \\ &= np \sum_{k=1}^{n} \binom{n-1}{k-1} p^{k-1} (1-p)^{(n-1)-(k-1)} \\ &= np. \end{aligned}$$

비슷한 계산에 의하여,

$$\begin{aligned}
E[X^2] &= E[X(X-1)+X] \\
&= E[X(X-1)] + E[X] \\
&= \sum_{k=2}^{n} k(k-1)p_X(k) + np \\
&= \sum_{k=2}^{n} k(k-1)\binom{n}{k} p^k (1-p)^{n-k} + np \\
&= \sum_{k=2}^{n} k(k-1)\frac{n}{k}\binom{n-1}{k-1} p^k (1-p)^{n-k} + np \\
&= n\sum_{k=2}^{n} (k-1)\frac{n-1}{k-1}\binom{n-2}{k-2} p^2 p^{k-2} (1-p)^{(n-2)-(k-2)} + np \\
&= n(n-1)p^2 \sum_{k=2}^{n} \binom{n-2}{k-2} p^{k-2} (1-p)^{(n-2)-(k-2)} + np \\
&= n(n-1)p^2 + np
\end{aligned}$$

따라서

$$\begin{aligned}
Var(X) &= E[X^2] - E[X]^2 \\
&= n(n-1)p^2 + np - (np)^2 \\
&= np(1-p).
\end{aligned}$$

별도의 방법으로,

$$\begin{aligned}
M_X(t) &= \sum_{k=0}^{n} e^{tk} p_X(k) \\
&= \sum_{k=0}^{n} e^{tk} \binom{n}{k} p^k (1-p)^{n-k} \\
&= \sum_{k=0}^{n} \binom{n}{k} (pe^t)^k (1-p)^{n-k} \\
&= (pe^t + 1 - p)^n
\end{aligned}$$

이므로, $E[X] = M_X'(0) = np$이고 $Var(X) = M_X''(0) - M_X'(0)^2 = np(1-p)$임을 알 수 있다. 이것으로 증명은 끝난다. □

한 번의 시행에서 성공할 확률이 p인 독립시행을 연속적으로 반복한다고 가정하자. r을 정수라 하고 X를 r번째 성공이 일어날 때까지의 실패의 횟수라 하자. 그러면 X의 확률질량함수는 다음과 같이 주어진다.

$$p_X(x) = P(X = x) = \binom{x+r-1}{x} p^r (1-p)^x \quad x = 0, 1, 2, \cdots . \tag{2.3.4}$$

정의 2.3.9. 양의 정수 $r \geq 1$와 $0 < p < 1$에 대하여, 등식 (2.3.4)에 의해 주어진 확률질량함수를 가지는 확률변수 X는 모수 r과 p를 가지는 **음의 이항분포**(negative binomial distribution)를 따른다고 말한다. 이 때 $X \sim NB(r, p)$로 표시한다.

정리 2.3.10. *만약 $X \sim NB(r, p)$이면,*

$$E[X] = \frac{r(1-p)}{p}, \quad Var(X) = \frac{r(1-p)}{p^2}.$$

증명. 이 정리를 증명하기 위하여 순열에 관련한 어떤 성질이 필요하기 때문에 증명을 생략한다(실제로, 11 페이지의 순열에 관한 공식을 이용하면 된다). □

등식 (2.3.4)에서 $r = 1$인 특별한 경우, 다음 식이 성립한다.

$$p_X(x) = P(X = x) = p(1-p)^x \quad x = 0, 1, 2, \cdots . \tag{2.3.5}$$

이 경우에 X는 첫 번째로 성공할 때까지 실패한 횟수를 나타낸다. 등식 (2.3.5)에 의한 확률질량함수를 가지는 확률변수 X는 모수 p인 **기하분포**(geometric distribution)를 가진다고 말하고, $X \sim G(p)$로 표시한다. 만약 $X \sim G(p)$이면, 분명히

$$E[X] = \frac{1-p}{p}, \quad Var(X) = \frac{1-p}{p^2}.$$

정리 2.3.11 (The lack of memory property). *조건 $X \sim G(p)$는 다음의 조건과 동치이다.*

$$P(X = n + k | X \geq n) = P(X = k).$$

증명. 조건부확률의 정의에 의하여,

$$\begin{aligned} P(X = n+k|X \geq n) &= \frac{P(X = n+k, X \geq n)}{P(X \geq n)} \\ &= \frac{P(X = n+k)}{P(X \geq n)}. \end{aligned}$$

만약 $X \sim G(p)$이면, 다음 식

$$P(X = n+k) = p(1-p)^{n+k}$$

와

$$\begin{aligned} P(X \geq n) &= \sum_{j=n}^{\infty} P(X = j) \\ &= \sum_{j=n}^{\infty} (1-p)^j p \\ &= p(1-p)^n \sum_{j=0}^{\infty} (1-p)^j \\ &= p(1-p)^n \frac{1}{1-(1-p)} \\ &= (1-p)^n, \end{aligned}$$

이 성립하고, 따라서

$$P(X = n+k|X \geq n) = \frac{p(1-p)^{n+k}}{(1-p)^n} = (1-p)^k p$$

이다. 이것으로 증명은 끝난다. □

두 종류의 물건 N개 중 M개는 제 I 종류이고 $N-M$개는 제 II 종류이다. 지금 N개의 그룹에서 비복원추출방법으로 n개를 선택할 때, X를 n개 중에 있는 제 I 종류의 물건의 갯수라 하자. 그러면 다음 식이 성립한다.

$$p_X(x) = P(X = x) = \frac{\binom{M}{x}\binom{N-M}{n-x}}{\binom{N}{n}}. \tag{2.3.6}$$

정의 2.3.12. 등식 (2.3.6)에 의해 주어진 확률질량함수를 가지는 X를 모수 $N > 0$과 $0 < M < N$, $1 < n < N$인 **초기하분포**(hypergeometric distribution)를 따르는 확률변수라 부르고, $X \sim HG(N, M, n)$로 표시한다.

정리 2.3.13. 만약 $X \sim HG(N, M, n)$이면,

$$E[X] = \frac{nM}{N}, \quad Var(X) = \frac{nM(N-M)(N-n)}{N^2(N-1)}.$$

증명. 이것은 정리 2.3.8의 증명과 같은 방법으로 증명된다. 그래서 자세한 증명은 연습으로 남긴다. □

예제 2.3.14. 브릿지 카드게임에서 13장짜리 한 패에 있는 다이아몬드의 수를 X라 할 때, 기댓값 $E[X^2]$를 구하여라.

풀이. $X \sim HG(52, 13, 13)$이므로, 정리 2.3.13에 의하여,

$$E[X] = \frac{nM}{N} = \frac{13 \times 13}{52} = \frac{13}{4},$$

$$\begin{aligned} Var(X) &= \frac{nM(N-M)(N-n)}{N^2(N-1)} \\ &= \frac{13 \times 13 \times 39 \times 39}{52^2 \times 51} \\ &= \frac{39 \times 13}{16 \times 17} \end{aligned}$$

이다. 그러므로

$$\begin{aligned} E[X^2] &= Var(X) + E[X]^2 \\ &= \frac{39 \times 13}{16 \times 17} + \frac{13^2}{4^2} = \frac{507 + 2873}{272} \\ &= 12.42. \end{aligned}$$

마지막으로 다항분포를 정의하겠다. 이항분포는 자연스러운 형태로 확장된다. 어떤 실험을 n번 반복한다고 가정하자. 그리고 각 실험의 결과는 k개의 배반사건들 $A_1, A_2, \cdots, A_k$ 중 어느 하나에 반드시 속한다고 하자. $j = 1, 2, \cdots, k$에

대하여, p_j를 사건 A_j가 일어날 확률이라 하자. n번의 실험결과는 독립이라 가정한다. 이 때 n번의 실험에서 A_1이 n_1번,$\cdots$,A_k가 n_k번 일어날 확률은 다음과 같이 주어진다.

$$\frac{n!}{n_1!n_2!\cdots n_k!}p_1^{n_1}p_2^{n_2}\cdots p_k^{n_k}.$$

만약 $(X_1, X_2, \cdots, X_k)$가 랜덤벡터로서 '$X_j = n_j$'를 'A_j가 n_j번 일어난다'는 것을 의미한다면, $(X_1, X_2, \cdots, X_k)$의 결합 확률질량함수는 다음과 같이 주어질 것이다.

$$\begin{aligned} &P(X_1 = n_1, X_2 = n_2, \cdots, X_k = n_k) \\ &\quad = \begin{cases} \frac{n!}{n_1!n_2!\cdots n_k!}p_1^{n_1}p_2^{n_2}\cdots p_k^{n_k} & \text{if} \quad n = \sum_{j=1}^{k} n_j, \\ 0 & \text{그 외에서}. \end{cases} \end{aligned} \tag{2.3.7}$$

위의 등식 (2.3.7)과 같은 결합 확률질량함수를 가지는 랜덤벡터 $(X_1, X_2, \cdots, X_k)$는 모수 n과 $p_1, p_2, \cdots, p_k$인 **다항분포**(multinomial distribution)를 가진다고 하고, 다음과 같이 표시한다.

$$(X_1, X_2, \cdots, X_k) \sim M(n; p_1, p_2, \cdots, p_k)$$

제 2.4 절 특수한 연속확률분포

이 절에서는 자주 사용되는 확률밀도함수에 의하여 정의되는 특수한 연속확률변수에 관하여 다룬다. 지금 소개하는 확률변수들은 응용에서 매우 중요하다.

정의 2.4.1. 연속확률변수 X의 확률밀도함수가

$$f_X(x) = \begin{cases} \frac{1}{b-a} & \text{if} \quad a < x < b, \\ 0 & \text{그 외에서} \end{cases}$$

에 의하여 주어질 때, X는 구간 (a, b)에서 **균등분포**(uniform distribution)를 가진다고 하고 $X \sim U(a, b)$로 표시한다.

정리 2.4.2. 만약 $X \sim U(a, b)$이면,

$$E[X] = \frac{a+b}{2}, \quad Var(X) = \frac{(b-a)^2}{12}.$$

증명. 연속확률변수의 기댓값의 정의에 의하여, 기댓값은 다음과 같이 계산된다.

$$\begin{aligned} E[X] &= \int_{-\infty}^{\infty} x f_X(x) dx \\ &= \int_a^b \frac{x}{b-a} dx \\ &= \frac{b^2 - a^2}{2(b-a)} \\ &= \frac{b+a}{2}. \end{aligned}$$

이제 $Var(X)$를 계산하기 위하여, 먼저 $E[X^2]$를 계산하자.

$$\begin{aligned} E[X^2] &= \int_a^b \frac{x^2}{b-a} dx \\ &= \frac{b^3 - a^3}{3(b-a)} \\ &= \frac{b^2 + ab + a^2}{3}. \end{aligned}$$

그러므로

$$\begin{aligned} Var(X) &= E[X^2] - E[X]^2 \\ &= \frac{b^2 + ab + a^2}{3} - \frac{(b+a)^2}{4} \\ &= \frac{(b-a)^2}{12}. \end{aligned}$$

증명은 끝난다. □

가장 중요한 연속확률변수 중의 한 개는 다음과 같이 정의된다.

정의 2.4.3. 두 개의 상수 $-\infty < \mu < \infty$와 $\sigma > 0$가 주어졌다고 하자. 아래와 같은 확률밀도함수를 가지는 연속확률변수 X는 모수 μ와 σ^2의 **정규분포**(normal distribution)를 따른다고 말하고, $X \sim N(\mu, \sigma^2)$로 표시한다.

$$f_X(x) = \frac{1}{\sqrt{2\pi}\sigma} \exp\left\{-\frac{1}{2}\left(\frac{x-\mu}{\sigma}\right)^2\right\}, \quad -\infty < x < \infty. \tag{2.4.1}$$

이 경우, X는 모수 μ와 σ^2의 **정규확률변수**(normal random variable)라 불리기도 한다.

정리 2.4.4. 만약 $X \sim N(\mu, \sigma^2)$이면,

$$M_X(t) = \exp\left(\mu t + \frac{\sigma^2 t^2}{2}\right), \quad E[X] = \mu, \quad Var(X) = \sigma^2.$$

증명. 적률생성함수의 정의에 의하여,

$$\begin{aligned}
M_X(t) &= E[e^{tX}] \\
&= \int_{-\infty}^{\infty} e^{tx} f_X(x)dx \\
&= \int_{-\infty}^{\infty} e^{tx} \frac{1}{\sqrt{2\pi}\sigma} e^{\frac{-(x-\mu)^2}{2\sigma^2}} dx \\
&= \frac{1}{\sqrt{2\pi}\sigma} \int_{-\infty}^{\infty} \exp\left(\frac{-x^2 - \mu^2 + 2x\mu + 2\sigma^2 tx}{2\sigma^2}\right) dx \\
&= \frac{1}{\sqrt{2\pi}\sigma} \int_{-\infty}^{\infty} \exp\left(\frac{-x^2 + 2x(t\sigma^2 + \mu)}{2\sigma^2} - \frac{\mu^2}{2\sigma^2}\right) dx \\
&= \frac{1}{\sqrt{2\pi}\sigma} \int_{-\infty}^{\infty} \exp\left(\frac{-(x - \mu - \sigma^2 t)^2}{2\sigma^2} + \mu t + \frac{\sigma^2 t^2}{2}\right) dx \\
&= \exp\left(\mu t + \frac{\sigma^2 t^2}{2}\right) \frac{1}{\sqrt{2\pi}\sigma} \int_{-\infty}^{\infty} \exp\left(\frac{-(x - \mu - \sigma^2 t)^2}{2\sigma^2}\right) dx \\
&= \exp\left(\mu t + \frac{\sigma^2 t^2}{2}\right).
\end{aligned}$$

참고 2.2.7에 의하여,

$$E[X] = M'(t)|_{t=0} = (\mu + \sigma^2 t)\exp\left(\mu t + \frac{\sigma^2 t^2}{2}\right)\Big|_{t=0} = \mu$$

이고

$$E[X^2] = M''(t)|_{t=0} = \sigma^2 + \mu^2$$

이다. 그러므로

$$\mathrm{Var}(X) = \sigma^2 + \mu^2 - \mu^2 = \sigma^2.$$

이것으로 증명은 끝난다. □

정리 2.4.5. $X \sim N(\mu, \sigma^2)$라 하자. 만약 $Y = aX + b$, $-\infty < a, b < \infty$, $a \neq 0$이면, $Y \sim N(a\mu + b, a^2\sigma^2)$이다.

증명. F_X와 F_Y를 각각 X와 Y의 분포함수라 하자. 증명을 위하여 다음 식이 성립함을 보이기만 하면 된다.

$$F_Y(y) = \int_{-\infty}^{y} \frac{1}{\sqrt{2\pi}|a|\sigma} \exp\left[-\frac{(t-(a\mu+b))^2}{2(a\sigma)^2}\right] dt. \tag{2.4.2}$$

먼저 $a > 0$라 가정하자. 그러면

$$\begin{aligned}
F_Y(y) &= P(Y \le y) \\
&= P(aX + b \le y) \\
&= P(X \le \frac{y-b}{a}) \\
&= \int_{-\infty}^{\frac{y-b}{a}} \frac{1}{\sqrt{2\pi}\sigma} \exp\left[-\frac{(x-\mu)^2}{2\sigma^2}\right] dx.
\end{aligned}$$

$t = ax + b$라 두면,

$$\begin{aligned}
F_Y(y) &= \int_{-\infty}^{y} \frac{1}{\sqrt{2\pi}\sigma} \exp\left[-\frac{1}{2\sigma^2}\left(\frac{t-b}{a} - \mu\right)^2\right] \frac{1}{a} dt \\
&= \int_{-\infty}^{y} \frac{1}{\sqrt{2\pi}a\sigma} \exp\left[-\frac{(t-(a\mu+b))^2}{2(a\sigma)^2}\right] dt \\
&= \int_{-\infty}^{y} \frac{1}{\sqrt{2\pi}|a|\sigma} \exp\left[-\frac{(t-(a\mu+b))^2}{2(a\sigma)^2}\right] dt.
\end{aligned}$$

그러므로 등식 (2.4.2)이 성립한다. 이제 $a < 0$라 가정하자. 그러면

$$\begin{aligned} F_Y(y) &= P(Y \leq y) \\ &= P(aX + b \leq y) \\ &= P(X \geq \frac{y-b}{a}) \quad (a < 0\text{이므로}) \\ &= 1 - P(X \leq \frac{y-b}{a}) \\ &= 1 - \int_{-\infty}^{\frac{y-b}{a}} \frac{1}{\sqrt{2\pi}\sigma} \exp\left[-\frac{(x-\mu)^2}{2\sigma^2}\right] dx. \end{aligned}$$

$t = ax + b$라 두면,

$$\begin{aligned} F_Y(y) &= 1 - \int_{\infty}^{y} \frac{1}{\sqrt{2\pi}a\sigma} \exp\left[-\frac{(t-(a\mu+b))^2}{2(a\sigma)^2}\right] dt \\ &= 1 - \int_{y}^{\infty} \frac{1}{\sqrt{2\pi}(-a)\sigma} \exp\left[-\frac{(t-(a\mu+b))^2}{2(a\sigma)^2}\right] dt \\ &= \int_{-\infty}^{y} \frac{1}{\sqrt{2\pi}(-a)\sigma} \exp\left[-\frac{(t-(a\mu+b))^2}{2(a\sigma)^2}\right] dt \\ &= \int_{-\infty}^{y} \frac{1}{\sqrt{2\pi}|a|\sigma} \exp\left[-\frac{(t-(a\mu+b))^2}{2(a\sigma)^2}\right] dt. \end{aligned}$$

즉, 등식 (2.4.2)이 성립하여 증명은 끝난다. □

참고 2.4.6. 정리 2.4.5에서, $a = 1/\sigma$와 $b = -\mu/\sigma$를 택하면, 다음과 같은 확률변수

$$\frac{X-\mu}{\sigma} \sim N(0, 1^2)$$

를 얻는다. 이것을 X의 **표준화된 확률변수**(standardized random variable) 혹은 **정규화된 확률변수**(normalized version)라 부른다.

참고 2.4.7. $Z \sim N(0, 1^2)$일 때, Z는 **표준정규분포**(standard normal distribution)를 따른다고 말한다. 이 때, Z의 분포함수는 다음과 같이 주어진다.

$$F_Z(z) = P(Z \leq z) = \int_{-\infty}^{z} \frac{1}{\sqrt{2\pi}} e^{-x^2/2} dx. \tag{2.4.3}$$

$F_Z(z)$를 때때로 $\Phi(z)$로 표시한다. $\Phi(z)$의 값을 표로 나타낸 표준정규분포표는 대부분의 확률론 혹은 통계학 교과서에서 발견되고, 필요한 경우 시험에서 제공한다. Z의 확률밀도함수 $f_Z(z)$는 0에서 대칭이기 때문에

$$\Phi(-z) = 1 - \Phi(z)$$

가 성립한다. 만약 $0 < \alpha < 1$이면, $P(Z > z_\alpha) = \alpha$ 또는 $\Phi(z_\alpha) = P(Z \leq z_\alpha) = 1 - \alpha$를 만족하는 z_α를 표준정규분포의 $100(1-\alpha)$ **퍼센트 점**(percentile)이라 부른다.

예제 2.4.8. $X \sim N(5, 4^2)$일 때, $P(0 \leq X \leq 10)$를 구하여라.

풀이. $\frac{X-5}{4} \sim N(0, 1^2)$이므로,

$$\begin{aligned} P(0 \leq X \leq 10) &= P\left(\frac{0-5}{4} \leq \frac{X-5}{4} \leq \frac{10-5}{4}\right) \\ &= P(-1.25 \leq Z \leq 1.25) \\ &= P(Z \leq 1.25) - P(Z \leq -1.25) \\ &= \Phi(1.25) - \Phi(-1.25) \\ &= \Phi(1.25) - [1 - \Phi(1.25)] \\ &= 2\Phi(1.25) - 1 \end{aligned}$$

표준정규분포표에 의하여 $\Phi(1.25) = 0.8944$이고, 따라서 $P(0 \leq X \leq 10) = 2 \times 0.8944 - 1 = 0.7888$.

예제 2.4.9. $X \sim N(60, 6^2)$일 때, $P(X \leq x) = 0.05$를 만족하는 x를 구하여라.

풀이. 다음 등식

$$0.05 = P(X \leq x) = P\left(\frac{X-60}{6} \leq \frac{x-60}{6}\right)$$

에서 $\frac{X-60}{6} \sim N(0, 1^2)$이므로, 표준정규분포표로부터

$$\frac{x-60}{6} = -1.645$$

이다. 그러므로 $x = 50.13$.

참고 2.4.10. $X_i \sim N(\mu_i, \sigma_i^2), \quad i = 1, 2$라 하자. 만약 X_1, X_2가 독립이고 $Y = a_1 X_1 + a_2 X_2$, $a_i \neq 0, \quad i = 1, 2$라 두면, 정리 2.4.5의 증명과 같은 방법에 의하여,

$$Y \sim N(a_1\mu_1 + a_2\mu_2, a_1^2\sigma_1^2 + a_2^2\sigma_2^2)$$

가 성립한다.

예제 2.4.11. 확률변수들 $X_1, X_2, \cdots$ 이 서로 독립이고, 평균이 3이고 분산이 1인 정규분포를 따른다고 하고,

$$S_n = X_1 + X_2 + \cdots + X_n$$

라 두자. $P(S_n > 70) \geq 0.8413$을 만족하는 최소의 n을 구하여라.

풀이. 모든 $i = 1, 2, \cdots$에 대하여, $X_i \sim N(3, 1^2)$이고, 이들이 서로 독립이므로,

$$E[S_n] = \sum_{i=1}^{n} E[X_i] = 3n$$

이고

$$Var(S) = \sum_{i=1}^{n} Var(X_i) = n$$

이다. 참고 2.4.10에 의하여, $S_n \sim N(3n, n)$이고, 따라서

$$\begin{aligned} 0.8413 &\leq P(S_n > 70) \\ &= P\left(\frac{S_n - 3n}{\sqrt{n}} > \frac{70 - 3n}{\sqrt{n}}\right) \\ &= 1 - P\left(\frac{S_n - 3n}{\sqrt{n}} \leq \frac{70 - 3n}{\sqrt{n}}\right) \\ &\approx 1 - \Phi\left(\frac{70 - 3n}{\sqrt{n}}\right) \end{aligned}$$

이다. 한편, 표준정규분포표로부터

$$0.8413 = \Phi(1) = 1 - \Phi(-1)$$

이다. 그러므로

$$1 - \Phi(-1) \leq 1 - \Phi\left(\frac{70 - 3n}{\sqrt{n}}\right),$$

즉,

$$\Phi\left(\frac{70-3n}{\sqrt{n}}\right) \le \Phi(-1)$$

이고, 따라서

$$\frac{70-3n}{\sqrt{n}} \le -1.$$

이것을 다시 쓰면,

$$3n - \sqrt{n} - 70 \ge 0$$

혹은

$$(3\sqrt{n}+14)(\sqrt{n}-5) \ge 0.$$

이것으로 부터 $\sqrt{n} = 5$이고 따라서 $n = 25$이다.

참고 2.4.12. 만약 X가 평균 μ 분산 σ^2인 정수값을 가지는 확률변수이면, 확률 $P(m \le X \le n)$는 X가 정규분포를 따른다고 가정하고 확률 $P(m - 0.5 \le X \le n + 0.5)$의 값으로 근사시킬 수 있다. 즉,

$$\begin{aligned} P(m \le X \le n) &= P(m - 0.5 \le X \le n + 0.5) \\ &= P\left(\frac{m-0.5-\mu}{\sigma} \le \frac{X-\mu}{\sigma} \le \frac{n+0.5-\mu}{\sigma}\right) \\ &\approx \Phi\left(\frac{n+0.5-\mu}{\sigma}\right) - \Phi\left(\frac{m-0.5-\mu}{\sigma}\right). \end{aligned}$$

이와 같은 과정을 **연속수정법**(continuous correction)이라 부른다.

예제 2.4.13. $X \sim B(40, 0.5)$일 때, 연속수정법에 의하여 $P(X = 20)$를 구하고, 이 값을 실제의 확률값과 비교해 보라.

풀이. 정리 2.3.8에 의하여, $E[X] = 40 \times 0.5 = 20$이고 $Var(X) = 40 \times 0.5 \times 0.5 =$

10이다. 그러므로 연속수정법을 적용하면,

$$\begin{aligned}
P(X=20) &= P(19.5 \le X \le 20.5)\\
&= P\left(\frac{19.5-20}{\sqrt{10}} \le \frac{X-20}{\sqrt{10}} \le \frac{20.5-20}{\sqrt{10}}\right)\\
&= P\left(-0.16 \le \frac{X-20}{\sqrt{10}} \le 0.16\right)\\
&\approx \Phi(0.16)-\Phi(-0.16)\\
&= 2\Phi(0.16)-1\\
&= 0.1272.
\end{aligned}$$

한편, 실제 확률값은 다음과 같다.

$$P(X=20) = \binom{40}{20} 0.5^{20} 0.5^{40-20} \approx 0.1254.$$

예제 2.4.14. X를 조건 $P(X<3)=0.5$와 $P(X<5)=0.841$를 만족하는 정규확률변수라 하자. 이 때 X의 표준편차 σ를 구하여라.

풀이. 정규확률변수의 확률밀도함수는 그의 평균 μ에서 대칭이므로, $\mu=3$이 된다. 그리고

$$0.841 = P(X<5) = P\left(\frac{X-3}{\sigma} < \frac{2}{\sigma}\right)$$

이고 $\frac{X-3}{\sigma} \sim N(0,1^2)$이므로, 표준정규분포표에 의하여, $\frac{2}{\sigma}=1$이고 따라서 $\sigma=2$이다.

정의 2.4.15. 연속확률변수 X의 확률밀도함수가 아래와 같이 주어질 때, X는 모수 μ 와 σ^2의 **로그정규분포**(log-normal distribution)를 가진다고 하고 $X \sim LN(\mu, \sigma^2)$로 표시한다.

$$f_X(x) = \frac{1}{\sqrt{2\pi}\sigma x}\exp\left\{-\frac{1}{2}\left(\frac{\ln x-\mu}{\sigma}\right)^2\right\}, \quad 0 \le x < \infty. \tag{2.4.4}$$

위의 정의에서 μ와 σ^2가 각각 X의 평균과 분산을 나타내는 것이 아니다. 확률변수 X의 로그, 즉 $\ln X$, 가 평균 μ 분산 σ^2인 정규확률변수이다. 로그정규확률변수의 평균과 분산은 다음과 같다:

$$\begin{aligned} E[X] &= \exp\left\{\mu + \frac{\sigma^2}{2}\right\} \\ Var(X) &= \exp\{2\mu + \sigma^2\}(\exp\{\sigma^2\} - 1). \end{aligned} \tag{2.4.5}$$

정리 2.4.16. *$X \sim LN(\mu, \sigma^2)$에 대하여, $Y = e^a X^b$라 두자. 단, a와 b는 상수이다. 그러면 $Y \sim LN(a + b\mu, b^2\sigma^2)$이다.*

증명. Y의 정의에 의하여, $\ln Y = a + b\ln X$이다. X가 모수 μ와 σ^2의 로그정규분포를 따르므로, $\ln X$는 모수 μ와 σ^2의 정규분포를 따른다. 즉, $\ln X \sim N(\mu, \sigma^2)$이다. 정리 2.4.5에 의하여, $\ln Y = a + b\ln X \sim N(a + b\mu, b^2\sigma^2)$이다. 이것은 $Y \sim LN(a + b\mu, b^2\sigma^2)$임을 보이고 있다. □

정리 2.4.16에서 $a = 0$이고 $b = -1$인 경우에 $1/X \sim LN(-\mu, \sigma^2)$이 성립함을 알 수 있다.

정의 2.4.17. 연속확률변수 X의 확률밀도함수가 아래와 같이 주어질 때, X는 모수 $\lambda > 0$의 **지수분포**(exponential distribution)를 가진다고 말하고, $X \sim E(\lambda)$로 표시한다.

$$f_X(x) = \begin{cases} \lambda e^{-\lambda x}, & \text{if} \quad x > 0 \\ 0, & \text{그 외에서.} \end{cases} \tag{2.4.6}$$

$X \sim E(\lambda)$라 하자. $x \geq 0$에 대하여, $F_X(x) = P(X \leq x) = 1 - e^{-\lambda x}$이고, $t < \lambda$에 대하여, $M_X(t) = \frac{\lambda}{\lambda - t}$라는 사실을 쉽게 확인할 수 있다. 그래서 $E[X] = \frac{1}{\lambda}$과 $Var(X) = \frac{1}{\lambda^2}$을 얻을 수 있다. 그러므로 $X \sim E(\lambda)$이면, X는 평균 $1/\lambda$인 지수분포를 가지는 확률변수라 말하기도 한다.

예제 2.4.18. $X \sim E(1/1,000)$라 두고, $X_1, X_2, \cdots, X_{100}$를 서로 독립이고 X와 분포가 같은 확률변수열이라 하자. 그리고 M과 K를

$$M = \max(X_1, X_2, \cdots, X_{100}),$$

$$K = \min(X_1, X_2, \cdots, X_{100})$$

에 의하여 정의하자. 이 때 $P(M > 7200)$와 $P(K < 10)$를 구하여라.

풀이. $X \sim E(1/1,000)$이므로, X의 확률밀도함수는 다음과 같이 주어진다.

$$f_X(x) = \frac{1}{1000} e^{-\frac{1}{1000}x}.$$

따라서

$$\begin{aligned}
P(M > 7200) &= 1 - P(M \le 7200) \\
&= 1 - P(X_1 \le 7200, X_2 \le 7200, \cdots, X_{100} \le 7200) \\
&= 1 - \Pi_{i=1}^{100} P(X_i \le 7200) \\
&= 1 - [F_X(7200)]^{100} \\
&= 1 - \left[\int_0^{7200} f_X(x) dx \right]^{100} \\
&= 1 - \left[\int_0^{7200} \frac{1}{1000} e^{-\frac{1}{1000}x} dx \right]^{100} \\
&= 0.071
\end{aligned}$$

이고

$$\begin{aligned}
P(K < 10) &= 1 - P(K \ge 10) \\
&= 1 - P(X_1 \ge 10, X_2 \ge 10, \cdots, X_{100} \ge 10) \\
&= 1 - \Pi_{i=1}^{100} P(X_i \ge 10) \\
&= 1 - [P(X \ge 10)]^{100} \\
&= 1 - [1 - P(X \le 10)]^{100} \\
&= 1 - \left[1 - \int_0^{10} \frac{1}{1000} e^{-\frac{1}{1000}x} dx \right]^{100} \\
&= 0.63.
\end{aligned}$$

정리 2.4.19. *조건 $X \sim E(\lambda)$는, 임의의 $x, y > 0$에 대하여,*

$$P(X > x + y | X > x) = P(X > y)$$

라는 조건과 동치이다.

증명. 조건부확률의 정의에 의하여,

$$\begin{aligned} P(X > x + y | X > x) &= \frac{P(X > x + y, X > x)}{P(X > x)} \\ &= \frac{P(X > x + y)}{P(X > x)}. \end{aligned}$$

만약 $X \sim E(\lambda)$이면,

$$P(X > x + y) = 1 - F_X(x + y) = e^{-\lambda(x+y)}$$

이고

$$P(X > x) = e^{-\lambda x}$$

이다. 따라서

$$P(X > x + y | X > x) = \frac{e^{-\lambda(x+y)}}{e^{-\lambda x}} = e^{-\lambda y}$$

이고, 이것으로 증명은 끝난다. □

예제 2.4.20. $Y_1, Y_2, \cdots, Y_n$가 서로 독립이고, 각 $k = 1, 2, \cdots, n$에 대하여, $Y_k \sim E(\lambda_k)$라 하자. 이 때 다음을 증명하여라.

$$\min\{Y_1, Y_2, \cdots, Y_n\} \sim E(\lambda_1 + \lambda_2 + \cdots + \lambda_n).$$

풀이. $Y = \min\{Y_1, Y_2, \cdots, Y_n\}$라 두자. 그러면

$$\begin{aligned} F_Y(y) &= 1 - P(Y > y) \\ &= 1 - P(Y_1 > y, Y_2 > y, \cdots, Y_n > y) \\ &= 1 - P(Y_1 > y)P(Y_2 > y) \cdots P(Y_n > y) \\ &= 1 - e^{-\lambda_1 x} e^{-\lambda_2 x} \cdots e^{-\lambda_n x} = 1 - e^{-(\lambda_1 + \lambda_2 + \cdots + \lambda_n) y} \end{aligned}$$

이고 따라서

$$f_Y(y) = F_Y'(y) = (\lambda_1 + \lambda_2 + \cdots + \lambda_n)e^{-(\lambda_1+\lambda_2+\cdots+\lambda_n)y}.$$

이것은 $Y \sim E(\lambda_1 + \lambda_2 + \cdots + \lambda_n)$임을 뜻한다.

정의 2.4.21. 연속확률변수 X의 분포함수가 아래와 같이 주어질 때, X는 모수 λ와 L의 **절단된 지수분포** (truncated exponential distribution)를 가진다고 말하고, $X \sim TE(\lambda, L)$로 표시한다.

$$F_X(x) = \begin{cases} 0, & \text{if} \quad x < 0 \\ 1 - e^{-\lambda x}, & \text{if} \quad 0 \le x < L \\ 1, & \text{if} \quad x \ge L. \end{cases} \tag{2.4.7}$$

참고 2.4.22. $X \sim TE(\lambda, L)$일 때, 절단된 분포함수 $F_X(x)$는 점 $x = L$에서 점프를 하는데, 점프의 높이는 $e^{-\lambda L}$이다. 그러므로 $F_X(x)$는 구간 $(0, L)$에서 확률밀도함수 $f_X(x) = \lambda e^{-\lambda x}$를 가지고 점 $x = L$에서 확률질량함수 $p_X(L) = e^{-\lambda L}$를 가지는 혼합분포함수이다. 분명히 다음 식이 성립한다.

$$\int_0^L f_X(x)dx + p_X(L) = \int_0^L \lambda e^{-\lambda x}dx + e^{-\lambda L} = -e^{-\lambda L} + 1 + e^{-\lambda L} = 1.$$

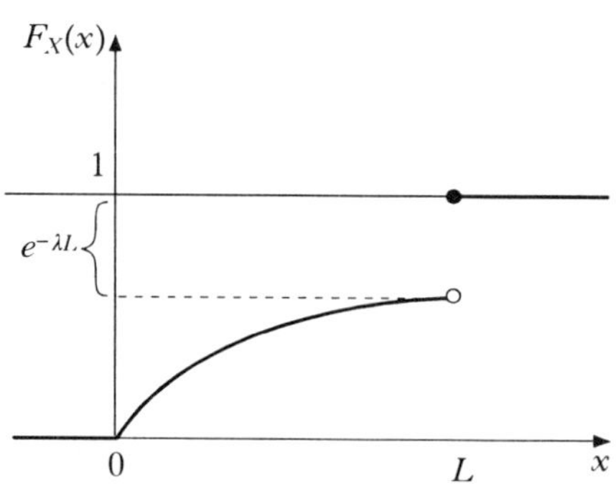

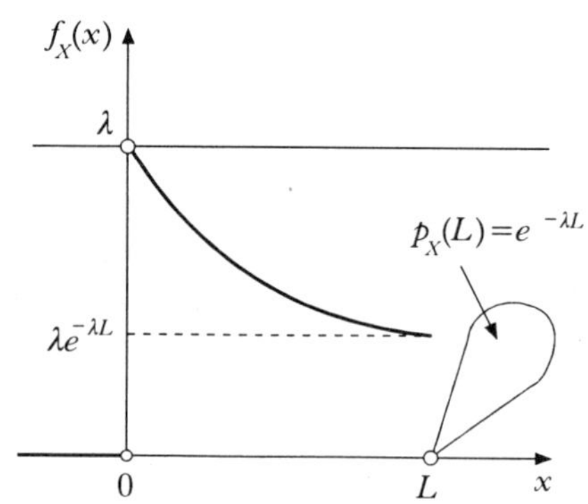

이 경우에, X의 기댓값과 분산은 다음과 같다.

$$E[X] = \int_0^L x\lambda e^{-\lambda x}dx + Le^{-\lambda L} = \frac{1 - e^{-\lambda L}}{\lambda}$$

이고

$$\begin{aligned}
Var(X) &= \int_0^L x^2\lambda e^{-\lambda x}dx + L^2e^{-\lambda L} - \left(\frac{1-e^{-\lambda L}}{\lambda}\right)^2 \\
&= \frac{2}{\lambda^2}(1-e^{-\lambda L}) - \frac{2L}{\lambda}e^{-\lambda L} - \left(\frac{1-e^{-\lambda L}}{\lambda}\right)^2 \\
&= \frac{1-2\lambda Le^{-\lambda L} - e^{-2\lambda L}}{\lambda^2}.
\end{aligned}$$

정의 2.4.23. **감마함수**(Gamma function) Γ를 다음과 같이 정의한다.

$$\Gamma(\alpha) = \int_0^\infty x^{\alpha-1}e^{-x}dx, \quad \alpha > 0.$$

$\Gamma(\alpha)$의 정의에 의하여, $\Gamma(\alpha) = (\alpha-1)\Gamma(\alpha-1)$임을 알 수 있다. 만약 α가 양의 정수이면, $\Gamma(\alpha) = (\alpha-1)!$이다. 그리고 $\Gamma(\frac{1}{2}) = \sqrt{\pi}$이다. 감마함수를 이용하여 감마분포를 다음과 같이 정의한다.

정의 2.4.24. 아래와 같은 확률밀도함수를 가지는 연속확률변수 X는 모수 $\alpha > 0$와 $\beta > 0$의 **감마분포**(Gamma distribution)라 부르고, $X \sim G(\alpha, \beta)$로 표시한다.

$$f_X(x) = \begin{cases} \frac{\beta^\alpha x^{\alpha-1}e^{-\beta x}}{\Gamma(\alpha)}, & x > 0 \\ 0, & \text{그 외에서.} \end{cases} \tag{2.4.8}$$

참고 2.4.25. (1) $X \sim G(\alpha, \beta)$일 때, X의 적률생성함수는 다음과 같이 계산된다.

$$\begin{aligned}
M_X(t) &= E[e^{tX}] \\
&= \int_{-\infty}^\infty e^{tx}f_X(x)dx \\
&= \int_0^\infty \frac{\beta^\alpha x^{\alpha-1}e^{(t-\beta)x}}{\Gamma(\alpha)}dx, \quad t < \beta.
\end{aligned}$$

여기서 $y = (\beta - t)x$라 두면, 우변은

$$\left(\frac{\beta}{\beta-t}\right)^\alpha \int_0^\infty \frac{y^{\alpha-1}e^{-y}}{\Gamma(\alpha)}dy = \left(\frac{\beta}{\beta-t}\right)^\alpha, \quad t < \beta$$

이다. 그러므로

$$E[X] = M'_X(0) = \frac{\alpha}{\beta}, \quad E[X^2] = M''_X(0) = \frac{\alpha(\alpha+1)}{\beta^2}$$

이고, 따라서

$$Var(X) = E[X^2] - E[X^2] = \frac{\alpha}{\beta^2}.$$

(2) 만약 $\alpha = 1$이면, (2.4.8)은 $f_X(x) = \beta e^{-\beta x}$가 된다. 그러므로 모수 β의 지수분포는 모수 1과 β의 감마분포이다.

(3) 감마분포의 또 다른 특별한 경우로서, $\beta = 1/2$이고 $\alpha = n/2$라 두자. 단 n은 양의 정수이다. 이 경우 (2.4.8)은 다음과 같다.

$$f_X(x) = \begin{cases} \frac{x^{n/2-1}e^{-x/2}}{\Gamma(n/2)2^{n/2}}, & x > 0 \\ 0, & \text{그 외에서.} \end{cases} \tag{2.4.9}$$

식 (2.4.9)와 같은 확률밀도함수를 가지는 연속확률변수 X는 **자유도 n의 카이제곱분포**(chi-square distribution with n degree of freedom)를 따른다고 말한다. 카이제곱분포는 통계적추정과 검정에서 중요하게 사용되는 분포이다.

정의 2.4.26. **베타함수**(beta function)는 다음과 같이 정의된다.

$$\beta(a,b) = \int_0^1 x^{a-1}(1-x)^{b-1}dx, \quad a, b > 0.$$

베타함수와 감마함수에 관한 다음과 같은 관계식은 유용하게 이용되는데 잘 알려져 있다.

$$\beta(a,b) = \frac{\Gamma(a)\Gamma(b)}{\Gamma(a+b)}. \tag{2.4.10}$$

정의 2.4.27. $a > 0$와 $b > 0$가 주어져 있다고 하자. 다음과 같은 확률밀도함수를 가지는 연속확률변수 X는 모수 a와 b의 **베타분포**(beta distribution)를 따른다고 하고, $X \sim B(a,b)$로 표시한다.

$$f_X(x) = \begin{cases} \frac{x^{a-1}(1-x)^{b-1}}{\beta(a,b)}, & 0 < x < 1 \\ 0, & \text{그 외에서.} \end{cases} \tag{2.4.11}$$

예제 2.4.28. $X \sim B(a,b)$라 하자. 등식 (2.4.10)과 감마함수의 성질에 의하여 $E[X]$와 $Var(X)$를 계산하여라.

풀이. n을 양의 정수라 하자. 그러면

$$\begin{aligned} E[X^n] &= \frac{1}{\beta(a,b)} \int_0^1 x^{n+a-1}(1-x)^{b-1}dx \\ &= \frac{\beta(n+a,b)}{\beta(a,b)} \\ &= \frac{\Gamma(n+a)\Gamma(a+b)}{\Gamma(a)\Gamma(n+a+b)}. \end{aligned} \tag{2.4.12}$$

$\Gamma(p) = (p-1)\Gamma(p-1)$이므로,

$$E[X^n] = \frac{(n-1+a)\Gamma(n-1+a)\Gamma(a+b)}{\Gamma(a)(n-1+a+b)\Gamma(n-1+a+b)}. \tag{2.4.13}$$

$n = 1$이라 두면,

$$E[X] = \frac{a}{a+b}.$$

등식 (2.4.13)의 우변에서 감마함수의 성질을 이용하면,

$$E[X^n] = \frac{(n-1+a)(n-2+a)\Gamma(n-2+a)\Gamma(a+b)}{\Gamma(a)(n-1+a+b)(n-2+a+b)\Gamma(n-2+a+b)}.$$

$n = 2$라 두면,

$$E[X^2] = \frac{a(a+1)}{(1+a+b)(a+b)}.$$

그러므로

$$\begin{aligned} Var(X) &= \frac{a(a+1)}{(1+a+b)(a+b)} - \frac{a^2}{(a+b)^2} \\ &= \frac{ab}{(1+a+b)(a+b)^2}. \end{aligned}$$

정의 2.4.29. $\alpha > 0$이고 $\beta > 0$라 두자. 아래와 같은 확률밀도함수를 가지는 연속확률변수 X는 모수 α와 β의 **파레토분포**(Pareto distribution)를 가진다고 하고, $X \sim P(\alpha, \beta)$로 표시한다.

$$f_X(x) = \begin{cases} \frac{\alpha\beta^\alpha}{x^{\alpha+1}}, & x > \beta \\ 0, & \text{그 외에서.} \end{cases} \tag{2.4.14}$$

예제 2.4.30. $X \sim P(\alpha, \beta)$라 하자. $E[X]$와 $Var(X)$을 구하라.

풀이. 연속확률변수의 기댓값의 정의에 의하여 다음과 같은 계산을 할 수 있다.

$$\begin{aligned} E[X] &= \int_{-\infty}^{\infty} x f_X(x)dx = \int_{\beta}^{\infty} x \frac{\alpha\beta^\alpha}{x^{\alpha+1}} dx \\ &= \alpha\beta^\alpha \int_{\beta}^{\infty} \frac{1}{x^\alpha} dx = \alpha\beta^\alpha \left[-\frac{1}{(\alpha-1)x^{\alpha-1}} \right]_{\beta}^{\infty} \\ &= \frac{\alpha\beta}{\alpha-1} \end{aligned}$$

그리고

$$\begin{aligned} E[X^2] &= \int_{-\infty}^{\infty} x^2 f_X(x)dx = \int_{\beta}^{\infty} x^2 \frac{\alpha\beta^\alpha}{x^{\alpha+1}} dx \\ &= \alpha\beta^\alpha \int_{\beta}^{\infty} \frac{1}{x^{\alpha-1}} dx = \alpha\beta^\alpha \left[-\frac{1}{(\alpha-2)x^{\alpha-2}} \right]_{\beta}^{\infty} \\ &= \frac{\alpha\beta^2}{\alpha-2}. \end{aligned}$$

그러므로

$$\begin{aligned} Var(X) &= \frac{\alpha\beta^2}{\alpha-2} - \left(\frac{\alpha\beta}{\alpha-1} \right)^2 \\ &= \frac{\alpha\beta^2}{(\alpha-2)(\alpha-1)^2}. \end{aligned}$$

정의 2.4.31. $\alpha > 0$이고 $\beta > 0$라 하자. 아래와 같은 확률밀도함수를 가지는 연속확률변수 X는 모수 $\alpha > 0$와 $\beta > 0$의 **와이블분포**(Weibull distribution)를 가

진다고 하고, $X \sim W(\alpha, \beta)$로 표시한다.

$$f_X(x) = \begin{cases} \alpha\beta x^{\beta-1}\exp\{-\alpha x^{\beta}\}, & x > 0 \\ 0, & \text{그 외에서.} \end{cases} \tag{2.4.15}$$

$X \sim W(\alpha, \beta)$일 때, 다음 사실은 잘 알려져 있다.

$$E[X] = \alpha^{-1/\beta}\Gamma\left(\frac{1}{\beta}+1\right),$$
$$Var(X) = \alpha^{-2/\beta}\left\{\Gamma\left(\frac{2}{\beta}+1\right) - \left[\Gamma\left(\frac{1}{\beta}+1\right)\right]^2\right\}.$$

그리고 $X \sim W(\alpha, 1)$이면, 분명히 $X \sim E(\alpha)$이다.

예제 2.4.32. $X \sim W(\alpha, \beta)$일 때, X의 고장률 $h_X(x)$를 구하여라.

풀이. X의 확률밀도함수 $f_X(x)$가 다음과 같이

$$f_X(x) = \alpha\beta x^{\beta-1}\exp\{-\alpha x^{\beta}\}, \quad x > 0,$$

에 의하여 주어지므로, 분포함수 $F_X(x)$는 다음과 같다.

$$\begin{aligned} F_X(x) = P(0 < X \le x) &= \int_0^x f_X(x)dx \\ &= \int_0^x \alpha\beta x^{\beta-1}\exp\{-\alpha x^{\beta}\}dx \\ &= \Big[\exp\{-\alpha x^{\beta}\}\Big]_0^x \\ &= 1 - \exp\{-\alpha x^{\beta}\}. \end{aligned}$$

그러므로 생존함수는

$$\begin{aligned} S_X(x) &= P(X > x) = 1 - F_X(x) \\ &= \exp\{-\alpha x^{\beta}\} \end{aligned}$$

이고, 따라서 고장율 $h_X(x)$는 다음과 같이 계산된다.

$$\begin{aligned} h_X(x) &= \frac{f_X(x)}{S_X(x)} \\ &= \frac{\alpha\beta x^{\beta-1}\exp\{-\alpha x^{\beta}\}}{\exp\{-\alpha x^{\beta}\}} \\ &= \alpha\beta x^{\beta-1}. \end{aligned}$$

예제 2.4.33. 어느 회사가 10대의 발전기를 소유하고 있다. 발전기들의 고장시간은 서로 독립이고, 공통의 고장률을 가지는데 하루 당 $h(t) = 10^{-4}t$이다.

10대 중 1,000일 후에도 여전히 가동할 수 있는 발전기의 수의 기댓값을 구하여라.

풀이. T를 발전기 한 대의 수명이라 하자. 그러면 T의 생존함수 $S_T(t)$는 다음과 같이 주어진다.

$$\begin{aligned} S_T(t) &= 1 - F_T(t) = 1 - P(T \leq t) \\ &= 1 - \int_0^t f_T(s)ds \\ &= 1 - \int_0^t h(s)S_T(s)ds. \end{aligned}$$

이 식으로 부터 다음과 같은 상미분방정식을 얻는다.

$$S_T'(t) = -h(t)S_T(t)$$

$$S_T(0) = 1.$$

이 미분방정식을 풀기 위하여 다음과 같은 꼴로 고친다.

$$dS_T(t) = -h(t)S_T(t)dt$$

혹은

$$\frac{1}{S_T(t)}dS_T(t) = -h(t)dt.$$

양변을 0에서 t까지 정적분하면,

$$\ln S_T(t) - \ln S_T(0) = -\int_0^t h(s)ds.$$

$S_T(0) = 1$이고 $\ln 1 = 0$이므로,

$$S_T(t) = \exp\left\{-\int_0^t h(s)ds\right\}.$$

여기서 $h(t) = 10^{-4}t$를 대입하면,

$$S_T(t) = \exp\left\{-\int_0^t 10^{-4}sds\right\} = \exp\left\{-10^{-4}\frac{t^2}{2}\right\}.$$

그러므로 각 발전기는 다음 확률

$$P(T \geq 1000) = S_T(1000) = \exp\left\{-10^{-4}\frac{1000^2}{2}\right\}$$
$$= \exp\left\{-10^{-4}\frac{10^6}{2}\right\} = e^{-50}$$

로 1,000일 후에도 가동이 가능하다. 따라서 10대 중 1,000일 후에도 여전히 가동할 수 있는 발전기의 수의 기댓값은 $10e^{-50}$이다.

예제 2.4.34. 어떤 전기장치의 시간 당 고장률이 $h(t) = 2 \times 10^{-6}t$이다. 1,000시간 후에도 이 전기장치가 여전히 작동할 확률을 구하여라.

풀이. 예제 2.4.32에 의하여, $h(t) = 2 \times 10^{-6}t = 10^{-6} \times 2t^{2-1}$는 확률변수 $T \sim W(10^{-6}, 2)$의 고장률이다. 그러므로 예제 2.4.32에 의하여, 생존함수는

$$S_T(t) = \exp\{10^{-6}t^2\}$$

에 의하여 주어지고, 따라서

$$P(T \geq 1000) = S_T(1000) = \exp\{10^{-6}1000^2\} = e^1 = 0.368.$$

제 3 장

결합분포와 조건부분포

제 3.1 절 결합분포

많은 경우의 랜덤한 실험에서, 관측치는 두 개 혹은 그 이상의 확률변수의 결합에 의하여 주어진다. 예를 들어, 만약 주머니 속에서 s라는 학생의 이름표를 꺼내었다면, $X(s)$를 이 학생 s의 나이라 하고 $Y(s)$를 키높이라 할 때, $(X(s), Y(s))$가 관심의 대상이 될 수 있다. 지금 X와 Y를 어떤 실험에 의해 주어지는 표본공간에서 정의된 두 개의 확률변수라 하자. 임의의 표본 $s \in S$에 대하여, 점 $(X(s), Y(s)) \in \mathbf{R}^2$로 대응하는 함수 (X, Y)를 2차원 **랜덤 벡터**(random vector)라 부른다. 비슷한 방법으로, n차원 랜덤 벡터를 정의한다. 제 2장에서, 우리는 하나의 확률변수 X를 포함하는 사건의 확률이 분포함수 $F_X(x)$에 의하여 표현된다는 것을 확인하였다. 또 이 확률은, 이산인 경우는 확률질량함수의 합으로, 그리고 연속인 경우는 확률밀도함수의 적분으로 표현된다는 것을 알 수 있었다. 이제 이와 같을 결과를 2차원 랜덤 벡터에 확장할 것이다.

정의 3.1.1. 다음과 같이

$$F_{X,Y}(x, y) = P(X \le x, Y \le y), \quad (x, y) \in \mathbf{R}^2,$$

에 의하여 정의된 함수 $F_{X,Y}(x,y)$를 (X,Y)의, 혹은 X와 Y의 **결합분포함수**(joint distribution function)라 부른다.

참고 3.1.2. 제 2.1절에서와 같은 논리에 의하여, 다음과 같은 사실이 성립함을 쉽게 확인할 수 있다.

(1) $0 \le F_{X,Y}(x,y) \le 1$.

(2) $\lim_{x,y\to\infty} F_{X,Y}(x,y) = 1$.

(3) $\lim_{x\to-\infty} F_{X,Y}(x,y) = 0 \quad \lim_{y\to-\infty} F_{X,Y}(x,y) = 0$.

(4) $F_{X,Y}(x,y)$는 x와 y의 비감소함수이다.

(5) $F_{X,Y}(x,y)$는 우연속이다.

(6) $\lim_{x\to\infty} F_{X,Y}(x,y) = F_Y(y), \quad \lim_{y\to\infty} F_{X,Y}(x,y) = F_X(x)$.

(6)에서, $F_X(x)$와 $F_Y(y)$를 각각 X와 Y의 **주변분포함수**(marginal distribution functions)라 부른다.

X와 Y를 두 개의 이산확률변수라 하자. 그러면 랜덤 벡터 (X,Y)의 치역 $\mathcal{R}(X,Y)$는 많아야 가산 무한 개의 값 (x_i,y_j), $i,j=1,2,\cdots$로 이루어져 있을 것이다. 다음 식

$$p_{X,Y}(x_i,y_j) = P(X = x_i, Y = y_j)$$

에 의해 정의된 함수 $p_{X,Y}$를 X와 Y의 **결합확률질량함수**(joint probability mass function)라 부른다. 결합확률질량함수가 다음 성질을 가진다는 사실은 잘 알려져 있다:

(a) $0 \le p_{X,Y}(x_i,y_j) \le 1$

(b) $\sum_{i=1}^{\infty}\sum_{j=1}^{\infty} p_{X,Y}(x_i,y_j) = 1$

이고, 역으로, 이들 두 개의 성질을 만족하는 $\mathbf{R}^2$ 상의 임의의 함수는 적당한 이산 랜덤 벡터의 결합확률밀도함수가 된다.

다음 관계식은 쉽게 증명된다.

$$F_{X,Y}(x,y) = \sum_{x_i \le x} \sum_{y_j \le y} p_{X,Y}(x_i, y_j).$$

정의 3.1.3. (X,Y)가 **연속 랜덤 벡터**(continuous random vector)란,

$$F_{X,Y}(x,y) = \int_{-\infty}^{x} \left(\int_{-\infty}^{y} f_{X,Y}(u,v)dv \right) du, \quad (x,y) \in \mathbf{R}^2$$

를 만족하는 음이 아닌 함수 $f_{X,Y}(x,y)$가 존재한다는 뜻이다. 여기서 $f_{X,Y}(x,y)$를 X와 Y의 **결합확률밀도함수**(joint probability density function)라 부른다.

분명히 X와 Y의 결합확률밀도함수 $f_{X,Y}(x,y)$는 다음 두 성질

(a) $f_{X,Y}(x,y) \ge 0$

(b) $\int_{-\infty}^{\infty} \int_{-\infty}^{\infty} f_{X,Y}(x,y)dxdy = 1$

를 만족한다. 역으로, 이들 두 성질을 만족하는 임의의 함수는 어떤 연속 랜덤 벡터의 결합확률밀도함수가 된다는 사실이 알려져 있다.

한 사각 영역 $A = \{(x,y) \in \mathbf{R}^2 | \quad a \le x \le b, c \le y \le d\}$를 생각하자. 그러면

$$\begin{aligned}
&P((X,Y) \in A) \\
&= P(a \le X \le b, c \le Y \le d) \\
&= F_{X,Y}(b,d) - F_{X,Y}(b,c) - F_{X,Y}(a,d) + F_{X,Y}(a,c) \\
&= \int_{-\infty}^{b} \int_{-\infty}^{d} f_{X,Y}(u,v)dvdu - \int_{-\infty}^{b} \int_{-\infty}^{c} f_{X,Y}(u,v)dvdu \\
&\quad - \int_{-\infty}^{a} \int_{-\infty}^{d} f_{X,Y}(u,v)dvdu + \int_{-\infty}^{a} \int_{-\infty}^{c} f_{X,Y}(u,v)dvdu \\
&= \int_{a}^{b} \int_{c}^{d} f_{X,Y}(u,v)dvdu
\end{aligned}$$

가 성립한다.

좀 더 일반적으로, 만약 D가 $f_{X,Y}(x,y)$의 **지지**(support), 즉, 영역 D 위에서는 $f_{X,Y}(x,y) > 0$이고 D^c 위에서는 $f_{X,Y}(x,y) = 0$이며, 또 $A \in \mathbf{R}^2$ 가 D 안에 포함

되는 영역이라 하면,

$$P((X,Y) \in A) = \int\int_A f_{X,Y}(x,y)dxdy \tag{3.1.1}$$

가 된다. 여기서 우변은 영역 A에서의 *이중적분*(double integral)이다. 이중적분 (3.1.1)는 다음과 같은 과정에 의하여 계산된다;
만약 영역 A를

$$\begin{aligned} A &= \{(x,y) \in D| \quad a \le x \le b, c(x) \le y \le d(x)\} \\ &= \{(x,y) \in D| \quad a(y) \le x \le b(y), c \le y \le d\} \end{aligned}$$

의 꼴로 표현한 후, 등식 (3.1.1)의 우변의 이중적분을 다음과 같은 *반복적분*(repeated integral)으로 고쳐서 계산한다.

$$\begin{aligned} P((X,Y) \in A) &= \int_a^b \left(\int_{c(x)}^{d(x)} f_{X,Y}(x,y)dy \right) dx \\ &= \int_c^d \left(\int_{a(y)}^{b(y)} f_{X,Y}(x,y)dx \right) dy. \end{aligned}$$

예제 3.1.4. 두 확률변수 X와 Y의 결합확률밀도함수가 다음과 같이 주어져 있다.

$$f_{X,Y}(x,y) = \begin{cases} K(x+y), & 0 \le x, y \le 2 \\ 0, & \text{그 외에서.} \end{cases}$$

(i) K를 구하여라. (ii) $P(|X-Y| > 1)$를 계산하여라.

풀이. (i) 결합확률밀도함수의 정의에 의하여,

$$1 = \int_0^2 \int_0^2 K(x+y)dxdy = \int_0^2 K(2y+2)dy = 8K.$$

그러므로 $K = 1/8$이다.

(ii) D를 $f_{X,Y}(x,y)$의 지지(support)라 두자. 그리고

$$
\begin{aligned}
A &= \{(x,y) \in D| \quad |x-y| > 1\} \\
&= \{(x,y) \in D| \quad y > x+1\} \cup \{(x,y) \in D| \quad y < x-1\} \\
&= \{(x,y) \in \mathbf{R}^2| \quad 0 \le x \le 1, x+1 < y \le 2\} \\
&\qquad \cup \{(x,y) \in \mathbf{R}^2| \quad 1 \le x \le 2, 0 \le y < x-1\} \\
&= A_1 \cup A_2
\end{aligned}
$$

라 두자. 그러면 (3.1.1)에 의하여,

$$
\begin{aligned}
P(|X-Y|>1) &= P((X,Y) \in A) \\
&= \int\int_A f_{X,Y}(x,y)dxdy \\
&= \int\int_{A_1} f_{X,Y}(x,y)dxdy + \int\int_{A_2} f_{X,Y}(x,y)dxdy \\
&= 2\int\int_{A_1} f_{X,Y}(x,y)dxdy \\
&= 2\int_0^1 \left\{\int_{x+1}^2 \frac{1}{8}(x+y)dy\right\} dx \\
&= 2\int_0^1 \frac{1}{8}\left[xy + \frac{y^2}{2}\right]_{y=x+1}^{y=2} dx \\
&= 2\int_0^1 \left(-\frac{3x^2}{16} + \frac{3}{16}\right) dx \\
&= 2\left[-\frac{x^3}{16} + \frac{3x}{16}\right]_{x=0}^{x=1} \\
&= \frac{1}{4}.
\end{aligned}
$$

참고 3.1.5. (1) 연속인 경우에, 다음 관계가 성립한다.

$$\frac{\partial^2 F_{X,Y}(x,y)}{\partial x \partial y} = f_{X,Y}(x,y).$$

(2) 만약 $h(x,y)$가 어떤 이변수함수이면, 랜덤 벡터 (X,Y)가 이산 혹은 연속의 경우에 따라서

$$
E[h(X,Y)] = \begin{cases} \sum_x \sum_y h(x,y) p_{X,Y}(x,y), \\ \int_{-\infty}^{\infty}\int_{-\infty}^{\infty} h(x,y) f_{X,Y}(x,y)dxdy \end{cases}
$$

가 성립한다.

(3) 만약 $h(x,y)f_{X,Y}(x,y)$의 지지(support)가

$$\begin{aligned} D &= \{(x,y) \in \mathbf{R}^2 | \quad \alpha \le x \le \beta, \gamma(x) \le y \le \delta(x)\} \\ &= \{(x,y) \in \mathbf{R}^2 | \quad \alpha(y) \le x \le \beta(y), \gamma \le y \le \delta\} \end{aligned}$$

에 의하여 주어지면,

$$\begin{aligned} E[h(X,Y)] &= \int_\alpha^\beta \left(\int_{\gamma(x)}^{\delta(x)} h(x,y) f_{X,Y}(x,y) dy \right) dx \\ &= \int_\gamma^\delta \left(\int_{\alpha(y)}^{\beta(y)} h(x,y) f_{X,Y}(x,y) dx \right) dy \end{aligned}$$

가 성립한다.

예제 3.1.6. 두 개의 확률변수 X와 Y의 결합확률질량함수 $p_{X,Y}(x_i, y_j)$의 값이 다음과 같이 주어졌다고 하자.

$y_j \setminus x_i$	-1	0	1
-1	1/18	3/18	3/18
0	1/18	0	3/18
1	4/18	1/18	2/18

이 때, $E[X^2Y]$를 계산하여라.

풀이. 참고 3.1.5에 의하여,

$$\begin{aligned} E[X^2Y] &= \sum_{x_i} \sum_{y_j} x_i^2 y_j p_{X,Y}(x_i, y_j) \\ &= (-1)^2 \times (-1) \times \frac{1}{18} + (-1)^2 \times 0 \times \frac{1}{18} + (-1)^2 \times 1 \times \frac{4}{18} \\ &\quad + 0 \times (-1) \times \frac{3}{18} + 0 \times 0 \times 0 + 0 \times 1 \times \frac{1}{18} \\ &\quad + 1^2 \times (-1) \times \frac{3}{18} + 1^2 \times 0 \times \frac{3}{18} + 1^2 \times 1 \times \frac{2}{18} \\ &= -\frac{1}{18} + \frac{4}{18} - \frac{3}{18} + \frac{2}{18} \\ &= \frac{1}{9}. \end{aligned}$$

정의 3.1.7. X와 Y가 이산인 경우,

$$p_X(x) = \sum_y p_{X,Y}(x,y) \quad \text{와} \quad p_Y(y) = \sum_x p_{X,Y}(x,y)$$

를 각각 X와 Y의 **주변확률질량함수**(marginal pmf)라 부른다.

같은 방법으로, X와 Y가 연속일 때,

$$f_X(x) = \int_{-\infty}^{\infty} f_{X,Y}(x,y)dy \quad \text{와} \quad f_Y(y) = \int_{-\infty}^{\infty} f_{X,Y}(x,y)dx$$

를 각각 X와 Y의 **주변확률밀도함수**(marginal pdf)라 부른다.

참고 3.1.8. $F_X(x)$와 $f_X(x)$를 각각 확률변수 X의 주변분포함수와 주변확률밀도함수라 하자. 그러면 다음 관계식이 성립한다.

$$\begin{aligned} F_X(x) &= \lim_{y\to\infty} F_{X,Y}(x,y) \\ &= \lim_{y\to\infty} \int_{-\infty}^{x} \left(\int_{-\infty}^{y} f_{X,Y}(u,v)dv \right) du \\ &= \int_{-\infty}^{x} \left(\int_{-\infty}^{\infty} f_{X,Y}(u,v)dv \right) du \\ &= \int_{-\infty}^{x} f_X(u)du. \end{aligned}$$

따라서 다음 관계식도 성립한다.

$$\frac{dF_X(x)}{dx} = f_X(x).$$

정의 3.1.9. 임의의 $(x,y) \in \mathbf{R}^2$에 대하여,

$$F_{X,Y}(x,y) = F_X(x)F_Y(y)$$

가 성립할 때, X와 Y는 **독립**(independent)이라고 말한다.

정리 3.1.10. *두 연속확률변수 X와 Y가 독립일 필요충분조건은 다음 관계식이 성립하는 것이다.*

$$f_{X,Y}(x,y) = f_X(x)f_Y(y).$$

증명. X와 Y가 독립이라 하자. 그러면 참고 3.1.8에 의하여,

$$\begin{aligned} f_{X,Y}(x,y) &= \frac{\partial^2 F_{X,Y}(x,y)}{\partial x \partial y} \\ &= \frac{\partial^2 F_X(x)F_Y(y)}{\partial x \partial y} \\ &= \left(\frac{\partial F_X(x)}{\partial x}\right)\left(\frac{\partial F_Y(y)}{\partial y}\right) \\ &= f_X(x)f_Y(y). \end{aligned}$$

역으로, 만약 $f_{X,Y}(x,y) = f_X(x)f_Y(y)$이면, 다시 참고 3.1.8에 의하여,

$$\begin{aligned} F_{X,Y}(x,y) &= \int_{-\infty}^{x}\left(\int_{-\infty}^{y} f_{X,Y}(u,v)dv\right)du \\ &= \int_{-\infty}^{x}\left(\int_{-\infty}^{y} f_X(u)f_Y(v)dv\right)du \\ &= \left(\int_{-\infty}^{x} f_X(u)du\right)\left(\int_{-\infty}^{y} f_Y(v)dv\right) \\ &= F_X(x)F_Y(y). \end{aligned}$$

그러므로 X와 Y는 독립이고 증명은 끝난다. □

예제 3.1.11. 예제 3.1.4에 있는 두 확률변수 X와 Y는 독립인가?

풀이. 두 확률변수 X와 Y가 독립인지를 확인하기 위하여, 이들의 주변확률밀도함수를 구한 다음에 정리 3.1.10을 적용하면 된다.

X의 주변확률밀도함수 $f_X(x)$는 다음과 같이 주어진다.

$$\begin{aligned} f_X(x) &= \int_0^2 \frac{1}{8}(x+y)dy \\ &= \frac{1}{8}\left[xy + \frac{y^2}{2}\right]_{y=0}^{y=2} \\ &= \begin{cases} \frac{1}{4}(x+1), & 0 \le x \le 2 \\ 0, & \text{그 외에서.} \end{cases} \end{aligned}$$

그리고 X와 Y의 결합확률밀도함수 $f_{X,Y}(x,y)$가 지지 위에서 대칭이므로, Y의 주변확률밀도함수 $f_Y(y)$는 다음과 같다.

$$f_Y(y) = \begin{cases} \frac{1}{4}(y+1), & 0 \le y \le 2 \\ 0, & \text{그 외에서.} \end{cases}$$

따라서 $\frac{1}{8}(x+y) = f_{X,Y}(x,y) \neq f_X(x)f_Y(y) = \frac{1}{16}(x+1)(y+1)$이므로, 주어진 두 확률변수는 독립이 아니다.

참고 3.1.12. X와 Y가 독립이라 하자. 그러면 참고 3.1.5(2)와 정리 3.1.10에 의하여, 임의의 함수 g와 h에 대하여, 다음 식이 성립한다.

$$\begin{aligned} E[g(X)h(Y)] &= \int_{-\infty}^{\infty}\int_{-\infty}^{\infty} g(x)h(y)f_{X,Y}(x,y)dxdy \\ &= \int_{-\infty}^{\infty}\int_{-\infty}^{\infty} g(x)h(y)f_X(x)f_Y(y)dxdy \\ &= \left(\int_{-\infty}^{\infty} g(x)f_X(x)dx\right)\left(\int_{-\infty}^{\infty} h(y)f_Y(y)dy\right) \\ &= E[g(X)]E[h(Y)]. \end{aligned}$$

특히 $g(z) = h(z) = z$를 택하면,

$$E[XY] = E[X]E[Y].$$

정의 3.1.13. 두 확률변수 X와 Y가 주어져 있다고 하자.

$$Cov(X,Y) = E[(X - E[X])(Y - E[Y])] = E[XY] - E[X]E[Y]$$

를 X와 Y의 **공분산**(covariance)이라 부르고,

$$\rho_{X,Y} = \frac{Cov(X,Y)}{\sqrt{Var(X)}\sqrt{Var(Y)}}$$

를 X와 Y의 **상관계수**(correlation coefficient)라 부른다.

정의에 의하여 분명히 $Cov(X,X) = Var(X)$이다.

참고 3.1.14. 세 개의 확률변수 X, Y, Z가 주어져 있다고 하자. 그러면 임의의 상수 a, b, c에 대하여,

$$Cov(aX + bY, cZ) = acCov(X, Z) + bcCov(Y, Z).$$

실제로, 공분산의 정의에 의하여,

$$\begin{aligned} &Cov(aX + bY, cZ) \\ &= E[(aX + bY)(cZ)] - E[aX + bY]E[cZ] \\ &= E[acXZ] + E[bcYZ] - E[aX]E[cZ] - E[bY]E[cZ] \\ &= ac\{E[XZ] - E[X]E[Z]\} + bc\{E[YZ] - E[Y]E[Z]\} \\ &= acCov(X, Z) + bcCov(Y, Z). \end{aligned}$$

예제 3.1.15. X와 Y를 위의 예제 3.1.6에서와 같이 정의되는 결합확률질량함수를 가지는 확률변수들이라 할 때, 이들의 상관계수 $\rho_{X,Y}$를 구하여라.

풀이. 먼저 X의 주변확률질량함수 $p_X(x_i)$를 구하자.

$$\begin{aligned} p_X(-1) &= P(X = -1) \\ &= P(\{X = -1\} \cap S) \\ &= P(\{X = -1\} \cap [\{Y = -1\} \cup \{Y = 0\} \cup \{Y = 1\}]) \\ &= P(X = -1, Y = -1) + P(X = -1, Y = 0) + P(X = -1, Y = 1) \\ &= \frac{1}{18} + \frac{1}{18} + \frac{4}{18} = \frac{3}{9}. \end{aligned}$$

같은 방법에 의하여,

$$p_X(0) = P(X = 0) = \frac{3}{18} + 0 + \frac{1}{18} = \frac{2}{9},$$

$$p_X(1) = P(X = 1) = \frac{3}{18} + \frac{3}{18} + \frac{2}{18} = \frac{4}{9}$$

이다. 따라서

$$E[X] = \sum_{x_i} x_i p_X(x_i) = -1 \cdot \frac{3}{9} + 0 \cdot \frac{2}{9} + 1 \cdot \frac{4}{9} = \frac{1}{9}$$

이고

$$E[X^2] = \sum_{x_i} x_i^2 p_X(x_i) = (-1)^2 \cdot \frac{3}{9} + 0 \cdot \frac{2}{9} + 1^2 \cdot \frac{4}{9} = \frac{7}{9}$$

이다. 그러므로

$$Var(X) = E[X^2] - E[X]^2 = \frac{7}{9} - \left(\frac{1}{9}\right)^2 = \frac{62}{81}.$$

같은 방법에 의하여, Y의 주변확률질량함수 $p_Y(y_j)$는

$$p_Y(-1) = P(Y = -1) = \frac{1}{18} + \frac{3}{18} + \frac{3}{18} = \frac{7}{18},$$
$$p_Y(0) = P(Y = 0) = \frac{1}{18} + 0 + \frac{3}{18} = \frac{4}{18}$$

이고

$$p_Y(1) = P(Y = 1) = \frac{4}{18} + \frac{1}{18} + \frac{2}{18} = \frac{7}{18}$$

이다. 따라서

$$E[Y] = \sum_{y_j} y_j p_Y(y_j) = -1 \cdot \frac{7}{18} + 0 \cdot \frac{4}{18} + 1 \cdot \frac{7}{18} = 0$$

이고

$$E[Y^2] = \sum_{y_j} y_j^2 p_Y(y_j) = (-1)^2 \cdot \frac{7}{18} + 0 \cdot \frac{4}{18} + 1^2 \cdot \frac{7}{18} = \frac{7}{9}.$$

이다. 그러므로

$$Var(Y) = E[Y^2] - E[Y]^2 = \frac{7}{9} - 0^2 = \frac{7}{9}.$$

이제 예제 3.1.6과 같은 방법에 의하여 $E[XY]$를 계산하자.

$$\begin{aligned}
E[XY] &= \sum_{x_i}\sum_{y_j} x_i y_j p_{X,Y}(x_i, y_j) \\
&= (-1) \times (-1) \times \frac{1}{18} + (-1) \times 0 \times \frac{1}{18} + (-1) \times 1 \times \frac{4}{18} \\
&\quad + 0 \times (-1) \times \frac{3}{18} + 0 \times 0 \times 0 + 0 \times 1 \times \frac{1}{18} \\
&\quad + 1 \times (-1) \times \frac{3}{18} + 1 \times 0 \times \frac{3}{18} + 1 \times 1 \times \frac{2}{18} \\
&= -\frac{1}{18} - \frac{4}{18} - \frac{3}{18} + \frac{2}{18} \\
&= -\frac{2}{9}.
\end{aligned}$$

그러므로 구하는 상관계수는 다음과 같다.

$$\begin{aligned}\rho_{X,Y} &= \frac{E[XY]-E[X]E[Y]}{\sqrt{Var(X)Var(Y)}}\\ &= \frac{-\frac{2}{9}-\frac{1}{9}\cdot 0}{\sqrt{\frac{62}{81}\cdot\frac{7}{9}}}\\ &= -\sqrt{\frac{18}{217}}.\end{aligned}$$

참고 3.1.16. (1) 참고 3.1.12와 정의 3.1.13에 의하여, 만약 X와 Y가 독립이면, $Cov(X,Y)=0$이고, 따라서 $\rho_{X,Y}=0$이다.

(2) 임의의 X와 Y에 대하여, 예제 3.1.15에서 보는 바와 같이, 항상 $|\rho_{X,Y}|\le 1$이 성립한다. 실제로, 정리 2.2.14에 의하여,

$$\begin{aligned}|Cov(X,Y)| &= |E[(X-E[X])(Y-E[Y])]|\\ &\le \sqrt{E[(X-E[X])^2]}\sqrt{E[(Y-E[Y])^2]}\\ &= \sqrt{Var(X)}\sqrt{Var(Y)}\end{aligned}$$

이고, 따라서

$$|\rho_{X,Y}| = \frac{|Cov(X,Y)|}{\sqrt{Var(X)}\sqrt{Var(Y)}} \le 1.$$

(3) 다음 식이 성립한다.

$$\begin{aligned}Var(X+Y) &= E[(X+Y)^2]-E[X+Y]^2\\ &= E[X^2+2XY+Y^2]-(E[X]+E[Y])^2\\ &= E[X^2]-E[X]^2+E[Y^2]-E[Y]^2+2E[XY]-2E[X]E[Y]\\ &= Var(X)+Var(Y)+2Cov(X,Y).\end{aligned}$$

이 식으로부터, 만약 X와 Y가 독립이면, $Var(X+Y)=Var(X)+Var(Y)$이다. 그리고 만약 $X=Y$이면, $Var(2X)=4Var(X)$이다. 좀 더 일반적으로, 다음 식이 성립한다.

$$\begin{aligned}Var(aX+bY+c) &= Var(aX+bY)\\ &= Var(aX)+Var(bY)+2Cov(aX,bY)\\ &= a^2Var(X)+b^2Var(Y)+2abCov(X,Y).\end{aligned}$$

정의 3.1.17. 어떤 영역 $D \subset \mathbf{R}^2$가 주어져 있다고 하자. 연속 랜덤 벡터 (X, Y)의 결합확률밀도함수가 아래와 같이 주어질 때, (X, Y)는 D 상에서 균등분포를 가진다고 하고 $(X, Y) \sim U(D)$로 표시한다.

$$f_{X,Y}(x, y) = \begin{cases} \frac{1}{D\text{의 면적}}, & (x, y) \in D \\ 0, & \text{그 외에서.} \end{cases}$$

예제 3.1.18. $(X, Y) \sim U(D)$라 두자. 단, $D = \{(x, y)| \quad 0 \le y \le x \le a\}$이다. 이때 $P(Y \ge X/2)$를 구하여라.

풀이. $(X, Y) \sim U(D)$이므로, X와 Y의 결합확률밀도함수는 다음과 같이 주어진다.

$$\begin{aligned} f_{X,Y}(x, y) &= \begin{cases} \frac{1}{\text{area of} \quad D}, & (x, y) \in D \\ 0, & \text{그 외에서} \end{cases} \\ &= \begin{cases} \frac{2}{a^2}, & (x, y) \in D \\ 0, & \text{그 외에서.} \end{cases} \end{aligned}$$

그런데

$$P(Y \ge X/2) = P((X, Y) \in A)$$

라 둘 수 있다. 단,

$$\begin{aligned} A &= \{(x, y) \in D| \quad y \ge \frac{x}{2}\} \\ &= \{(x, y)| \quad 0 \le x \le a, \frac{1}{2}x \le y \le x\}. \end{aligned}$$

그러므로

$$\begin{aligned} P(Y \ge X/2) &= \int\int_A f_{X,Y}(x, y)dxdy = \int_0^a \left[\int_{x/2}^x \frac{2}{a^2}dy\right] dx \\ &= \int_0^a \left[\frac{2}{a^2}y\right]_{x/2}^x dx = \int_0^a \frac{2}{a^2}\left(x - \frac{x}{2}\right) dx \\ &= \int_0^a \frac{x}{a^2}dx = \left[\frac{x^2}{2a^2}\right]_0^a = \frac{1}{2}. \end{aligned}$$

정의 3.1.19. n차원 랜덤 벡터 $(X_1, X_2, \cdots, X_n)$가 아래와 같은 꼴의 결합확률 밀도함수를 가질 때, $(X_1, X_2, \cdots, X_n)$는 평균벡터 $\vec{\mu}$와 공분산행렬 Σ를 가지는 **다변수 정규분포**(multivariate normal distribution)를 따른다고 하고, $X \sim LN(\vec{\mu}, \Sigma)$로 표시한다.

$$f(\mathbf{x}) = \frac{1}{(2\pi)^{n/2}|\Sigma|^{1/2}} \exp\left\{-\frac{1}{2}(\mathbf{x}-\vec{\mu})'\Sigma^{-1}(\mathbf{x}-\vec{\mu})\right\}, \qquad (3.1.2)$$

단,

$$\mathbf{x} = (x_1, x_2, \cdots, x_n)',$$

$$\vec{\mu} = (\mu_1, \mu_2, \cdots, \mu_n)'$$

이고

$$\begin{aligned}\Sigma &= E[(\mathbf{x}-\vec{\mu})(\mathbf{x}-\vec{\mu})'] \\ &= \begin{pmatrix} \sigma_1^2 & \sigma_{12} & \dots & \sigma_{1n} \\ \sigma_{21} & \sigma_2^2 & \dots & \sigma_{2n} \\ \dots & \dots & \dots & \dots \\ \sigma_{n1} & \sigma_{n2} & \dots & \sigma_n^2 \end{pmatrix}\end{aligned}$$

예제 3.1.20. 등식 (3.1.2)에 의해서, 두 확률변수 X_1과 X_2의 이변수 정규밀도함수를 구하여라.

풀이. X_1과 X_2의 상관계수를 ρ라 하자. 그러면 공분산행렬은

$$\Sigma = \begin{pmatrix} \sigma_1^2 & \rho\sigma_1\sigma_2 \\ \rho\sigma_1\sigma_2 & \sigma_2^2 \end{pmatrix}$$

이고, 따라서

$$|\Sigma| = (1-\rho^2)\sigma_1^2\sigma_2^2.$$

공분산행렬의 역행렬은 다음과 같이 주어진다.

$$\Sigma^{-1} = \frac{1}{1-\rho^2}\begin{pmatrix} 1/\sigma_1^2 & -\rho/(\sigma_1\sigma_2) \\ -\rho/(\sigma_1\sigma_2) & 1/\sigma_2^2 \end{pmatrix}$$

등식 (3.1.2)의 $|\Sigma|$와 Σ^{-1}에 위에서 구한 것을 대입하면, X_1과 X_2의 결합 pdf 는, 임의의 $-\infty < x_1, x_2 < \infty$에 대하여 다음과 같이 주어진다.

$$f_{X_1,X_2}(x_1,x_2) = \frac{1}{2\pi\sigma_1\sigma_2\sqrt{1-\rho^2}} \exp\left\{-\frac{1}{2(1-\rho^2)}\left[\left(\frac{x_1-\mu_1}{\sigma_1}\right)^2 \right.\right.$$
$$\left.\left. -2\rho\left(\frac{x_1-\mu_1}{\sigma_1}\right)\left(\frac{x_2-\mu_2}{\sigma_2}\right) + \left(\frac{x_2-\mu_2}{\sigma_2}\right)^2\right]\right\}$$

여기서 μ_1과 μ_2는 각각 X_1과 X_2의 기댓값이고, σ_1^2과 σ_2^2는 각각 X_1과 X_2의 분산이다. 그리고 ρ X_1과 X_2의 상관계수이다.

제 3.2 절 조건부분포

실질적으로 우리가 관심을 가지고 있는 여러 확률변수들은 서로 독립이 아닌 경우가 많다. 예를 들어, 통신경로의 출력 Y는 정보를 전달하기 위한 입력 X에 의존한다. 이 절에서는 사건 $X = x$가 알려져 있을 때, 확률변수 Y를 포함하는 사건들의 조건부확률을 구하는 방법을 다룬다. 그리고 사건 $X = x$가 주어져 있을 때, Y의 조건부기댓값에 관하여 다룬다.

정의 3.2.1. 실수 $-\infty < x < \infty$에 대하여, 다음과 같이

$$F_{X|Y}(x|Y=y) = \lim_{h\to 0} P(X \le x | y \le Y \le y+h) \tag{3.2.1}$$

에 의하여 정의 된 함수 $F_{X|Y}(x|Y=y)$를, $Y = y$가 주어졌을 때, X의 **조건부분포함수**(conditional distribution function)라 부른다. 만약 (X, Y)가 이산이면, 등식 (3.2.1)의 우변은 $P(X \le x|Y = y)$와 같다. 반면에 (X, Y)가 연속인 경우, 등식 (3.2.1)의 우변을 역시 $P(X \le x|Y = y)$로 표시하기로 한다.

X와 Y를 이산확률변수라 하고 한 사건 $\{Y = y\}$가 주어져 있다고 하자. 다음 식

$$p_{X|Y}(x_i|Y = y_j) = P(X = x_i|Y = y_j) = \frac{p_{X,Y}(x_i, y_j)}{p_Y(y_j)}$$

에 의해 주어진 함수 $p_{X|Y}(\cdot|Y = y_j)$를, 사건 $Y = y_j$가 주어졌을 때, X의 **조건부확률질량함수**(conditional probability mass function)라 부른다. 이산인 경우 다음 성질들이 성립함을 알 수 있다.

(a) $0 \leq p_{X|Y}(x_i|Y = y_j) \leq 1$

(b) $\sum_{i=1}^{\infty} p_{X|Y}(x_i|Y = y_j) = 1$

그리고

(c) $F_{X|Y}(x|Y = y_j) = \sum_{x_i \leq x} p_{X|Y}(x_i|Y = y_j)$.

실제로, 성질 (b)는 조건부확률질량함수의 정의와 성질 $\sum_{i=1}^{\infty} p_{X,Y}(x_i, y_j) = p_Y(y_j)$에 의하여 증명된다.

정의 3.2.2. (X, Y)를 연속 랜덤 벡터라 하자. 다음 식

$$F_{X|Y}(x|Y = y) = \int_{-\infty}^{x} f_{X|Y}(u|Y = y)du, \quad -\infty < x < \infty$$

을 만족하는 음이 아닌 함수 $f_{X|Y}(\cdot|Y = y)$를, 사건 $Y = y_j$가 주어졌을 때, X의 **조건부확률밀도함수**(conditional probability density function)라 부른다.

정리 3.2.3. *X와 Y를 연속인 확률변수라 하자. 이 때, 이들의 결합확률밀도함수 $f_{X,Y}(x, y)$와 조건부확률밀도함수 $f_{X|Y}(x|Y = y)$는 다음과 같은 관계식을 만족한다.*

$$f_{X|Y}(x|Y = y) = \frac{f_{X,Y}(x, y)}{f_Y(y)}.$$

증명. 정의 3.2.1과 적분에 관한 평균값정리에 의하여,

$$\begin{aligned}
F_{X|Y}(x|Y=y) &= \lim_{h\to 0} P(X \le x | y \le Y \le y+h) \\
&= \lim_{h\to 0} \frac{P(X \le x, y \le Y \le y+h)}{P(y \le Y \le y+h)} \\
&= \lim_{h\to 0} \frac{\int_{-\infty}^{x}\int_{y}^{y+h} f_{X,Y}(u,v)dvdu}{\int_{y}^{y+h} f_Y(v)dv} \\
&= \lim_{h\to 0} \frac{\int_{-\infty}^{x} hf_{X,Y}(u,y_1)du}{hf_Y(y_2)} \qquad \exists y_1, y_2 \in (y, y+h) \\
&= \int_{-\infty}^{x} \frac{f_{X,Y}(u,y)}{f_Y(y)} du.
\end{aligned}$$

이것을 정의 3.2.2와 비교하면, 정리가 성립한다. □

연속인 경우, 다음 두 개의 성질

(a) $0 \le f_{X|Y}(u|Y=y)$

와

(b) $\int_{-\infty}^{\infty} f_{X|Y}(x|Y=y)dx = 1$

가 성립함을 쉽게 알 수 있다. 실제로, 성질 (b)는 정리 3.2.3와 주변확률밀도함수의 정의에 의하여 쉽게 증명된다.

예제 3.2.4. 두 개의 연속확률변수 X와 Y의 결합확률밀도함수가

$$f_{X,Y}(x,y) = \begin{cases} \frac{4(x+y)}{5x^3}, & 0 \le y \le 1, 1 \le x < \infty \\ 0, & \text{그 외에서} \end{cases}$$

에 의하여 주어졌다고 하자.

(i) $P(0 < Y < \frac{1}{2}|X=2)$를 구하여라.

(ii) $P(0 < Y < \frac{1}{2}|X > K) = 5/16$를 만족하는 K의 값을 구하여라.

풀이. (i) 정의 3.2.1과 정의 3.2.2를 적용하기 위하여, $f_{Y|X}(y|X=x)$를 구해야 한다. 이를 위하여 먼저 $f_X(x)$를 구하자.

$$\begin{aligned} f_X(x) &= \int_0^1 \frac{4(x+y)}{5x^3}dy \\ &= \frac{4}{5}\left[\frac{y}{x^2}+\frac{y^2}{2x^3}\right]_{y=0}^{y=1} \\ &= \frac{4}{5}\left(\frac{1}{x^2}+\frac{1}{2x^3}\right), \quad 1 \le x < \infty. \end{aligned}$$

정리 3.2.3에 의하여,

$$f_{Y|X}(y|X=x) = \frac{4(x+y)/(5x^3)}{\frac{4}{5}(1/x^2+1/(2x^3))} = \frac{2(x+y)}{2x+1}, \quad 0 \le y \le 1.$$

그러므로 정의 3.2.1과 정의 3.2.2에 의하여,

$$\begin{aligned} P\left(0<Y<\frac{1}{2}|X=2\right) &= \int_0^{1/2} f_{Y|X}(y|X=2)dy \\ &= \int_0^{1/2} \frac{2(2+y)}{5}dy \\ &= \frac{2}{5}\left[2y+\frac{y^2}{2}\right]_0^{1/2} \\ &= \frac{9}{20}. \end{aligned}$$

(ii) 조건부확률의 정의에 의하여,

$$P\left(0<Y<\frac{1}{2}|X>K\right) = \frac{P(0<Y<\frac{1}{2}, X>K)}{P(X>K)}$$

이다. 다음 두 식

$$\begin{aligned} P(X>K) &= \int_K^\infty \frac{4}{5}\left(\frac{1}{x^2}+\frac{1}{2x^3}\right)dx \\ &= \frac{4}{5}\left(\frac{1}{K}+\frac{1}{4K^2}\right) \end{aligned}$$

와

$$\begin{aligned} P(0 < Y < \frac{1}{2}, X > K) &= \int_K^\infty \int_0^{1/2} \frac{4(x+y)}{5x^3} dydx \\ &= \frac{4}{5} \int_K^\infty \left[\frac{y}{x^2} + \frac{y^2}{2x^3} \right]_{y=0}^{y=1/2} dx \\ &= \frac{4}{5} \int_K^\infty \left(\frac{1}{2x^2} + \frac{1}{8x^3} \right) dx \\ &= \frac{4}{5} \left(\frac{1}{2K} + \frac{1}{16K^2} \right), \end{aligned}$$

에 의하여, 다음을 얻는다.

$$\begin{aligned} \frac{5}{16} &= P(0 < Y < \frac{1}{2} | X > K) \\ &= \frac{\frac{4}{5}[1/(2K) + 1/(16K^2)]}{\frac{4}{5}[1/K + 1/(4K^2)]} \\ &= \frac{8K+1}{16K+4}. \end{aligned}$$

이것으로 부터 $K = 1/12$이다.

예제 3.2.5. 연속확률변수 X가 확률밀도함수

$$f_X(x) = \begin{cases} 2x, & 0 < x < 1 \\ 0, & \text{그 외에서} \end{cases}$$

를 가지고, Y는 연속확률변수로서 사건 $X = x$가 주어졌을 때, Y의 조건부분포함수 $F_{Y|X}(y|X = x)$가 구간 $(0, x)$에서 균등분포를 가진다고 한다. 이 때, (i) $Var(Y)$를 구하고, (ii) $\rho_{X,Y}$를 구하여라.

풀이. (i) $0 < x < 1$일 때 $f_X(x) = 2x$이고, 또 $0 < y < x$일 때 $f_{Y|X}(y|X = x) = 1/x$이므로, 임의의 $(x, y) \in D = \{(x, y) | \ 0 < x < 1, \ \ 0 < y < x\}$에 대하여,

$$f_{X,Y}(x, y) = f_X(x) f_{Y|X}(y|X = x) = 2x\frac{1}{x} = 2$$

이다.

주어진 D를 또 다르게 $D = \{(x, y)|\ 0 < y < 1,\ \ y < x < 1\}$로 표현할 수 있다. 주변확률밀도함수의 정의에 의하여, $0 < y < 1$일 때,

$$\begin{aligned} f_Y(y) &= \int_{-\infty}^{\infty} f_{X,Y}(x, y)dx \\ &= \int_D 2dx = \int_y^1 2dx \\ &= 2(1-y) \end{aligned}$$

이고, 그 밖에서는 $f_Y(y) = 0$이다. 이것으로부터,

$$\begin{aligned} E[Y] &= \int_0^1 y \cdot 2(1-y)dy \\ &= 2\int_0^1 (y - y^2)dy \\ &= 2\left[\frac{y^2}{2} - \frac{y^3}{3}\right]_0^1 \\ &= \frac{1}{3} \end{aligned}$$

이고

$$\begin{aligned} E[Y^2] &= \int_0^1 y^2 \cdot 2(1-y)dy \\ &= 2\int_0^1 (y^2 - y^3)dy \\ &= 2\left[\frac{y^3}{3} - \frac{y^4}{4}\right]_0^1 \\ &= \frac{1}{6}. \end{aligned}$$

이다. 그러므로

$$Var(Y) = E[Y^2] - E[Y]^2 = \frac{1}{6} - \left(\frac{1}{3}\right)^2 = \frac{1}{18}.$$

(ii) $0 < x < 1$일 때, $f_X(x) = 2x$이므로

$$E[X] = \int_0^1 x \cdot 2xdx = \frac{2}{3}$$

이고

$$E[X^2] = \int_0^1 x^2 \cdot 2xdx = \frac{1}{2}$$

이다. 그러므로

$$Var(X) = E[X^2] - E[X]^2 = \frac{1}{2} - \left(\frac{2}{3}\right)^2 = \frac{1}{18}$$

이다. 그리고

$$\begin{aligned} E[XY] &= \int\int_D xyf_{X,Y}(x,y)dxdy \\ &= \int_0^1 \left(\int_0^x 2xydy\right) dx \\ &= \int_0^1 x^3 dx \\ &= \frac{1}{4}. \end{aligned}$$

$\rho_{X,Y}$의 정의에 의하여

$$\begin{aligned} \rho_{X,Y} &= \frac{E[XY] - E[X]E[Y]}{\sqrt{Var(X)Var(Y)}} \\ &= \frac{\frac{1}{4} - \frac{2}{3} \cdot \frac{1}{3}}{\sqrt{\frac{1}{18} \cdot \frac{1}{18}}} = \frac{\frac{1}{4} - \frac{2}{9}}{\frac{1}{18}} \\ &= \frac{1}{2}. \end{aligned}$$

정의 3.2.6. 사건 $Y = y$가 주어졌을 때, X의 **조건부기댓값**(conditional expectation)은, 이산인 경우,

$$E[X|Y = y] = \sum_{x_i} x_i p_{X|Y}(x_i|Y = y),$$

그리고 연속인 경우,

$$E[X|Y = y] = \int_{-\infty}^{\infty} x dF_{X|Y}(x|Y = y) = \int_{-\infty}^{\infty} x f_{X|Y}(x|Y = y)dx$$

에 의해 정의되는 실수이다.

정의 3.2.7. 다음과 같이

$$Y(s) = y \quad \text{일 때,} \quad E[X|Y](s) = E[X|Y = y]$$

에 의하여 정의되는 확률변수 $E[X|Y]$를 Y가 주어졌을 때, X의 **조건부기댓값**이라 부른다.

정리 3.2.8. 임의의 랜덤 벡터 (X, Y)에 대하여, 다음 식이 성립한다.

$$E[E[X|Y]] = E[X].$$

증명. 이산인 경우, 확률 $P(Y = y_j) = p_Y(y_j)$로 $E[X|Y] = E[X|Y = y_j]$가 성립하므로,

$$\begin{aligned}
E[E[X|Y]] &= \sum_{y_j} E[X|Y = y_j] p_Y(y_j) \\
&= \sum_{y_j} \sum_{x_i} x_i p_{X|Y}(x_i|Y = y_j) p_Y(y_j) \\
&= \sum_{y_j} \sum_{x_i} x_i \frac{p_{X,Y}(x_i, y_j)}{p_Y(y_j)} p_Y(y_j) \\
&= \sum_{x_i} x_i \sum_{y_j} p_{X,Y}(x_i, y_j) \\
&= \sum_{x_i} x_i p_X(x_i) \\
&= E[X].
\end{aligned}$$

이제 연속인 경우의 정리를 증명하자. 정리 3.2.3에 의하여,

$$E[X|Y](s) = E[X|Y = y] \quad \text{if} \quad Y(s) = y$$

이므로

$$\begin{aligned}
E[E[X|Y]] &= \int_{-\infty}^{\infty} E[X|Y = y] f_Y(y) dy \\
&= \int_{-\infty}^{\infty} \left\{ \int_{-\infty}^{\infty} x f_{X|Y}(x|Y = y) dx \right\} f_Y(y) dy \\
&= \int_{-\infty}^{\infty} \left\{ \int_{-\infty}^{\infty} x \frac{f_{X,Y}(x, y)}{f_Y(y)} dx \right\} f_Y(y) dy \\
&= \int_{-\infty}^{\infty} x \left\{ \int_{-\infty}^{\infty} f_{X,Y}(x, y) dy \right\} dx \\
&= \int_{-\infty}^{\infty} x f_X(x) dx \\
&= E[X].
\end{aligned}$$

따라서 정리가 성립한다. □

정의 3.2.9. (i) 사건 $Y = y$가 주어졌을 때, X의 **조건부분산**(conditional variance)은

$$Var(X|Y = y) = E[X^2|Y = y] - E[X|Y = y]^2$$

에 의해 정의되는 실수이다.

(ii) 다음과 같이

$$Var(X|Y) = E[X^2|Y] - E[X|Y]^2$$

에 의해 정의되는 확률변수 $Var(X|Y)$를 Y가 주어졌을 때, X의 **조건부분산**이라 부른다.

정리 3.2.10. *다음 관계식이 성립한다.*

$$Var(X) = Var(E[X|Y]) + E[Var(X|Y)]. \tag{3.2.2}$$

증명. 등식 (3.2.2)의 우변은 다음과 같다.

$$\begin{aligned}
&E[E[X|Y]^2] - E[E[X|Y]]^2 + E[E[X^2|Y] - E[X|Y]^2] \\
&= E[E[X^2|Y]] - E[E[X|Y]]^2 \\
&= E[X^2] - E[X]^2 \\
&= Var(X).
\end{aligned}$$

따라서 정리가 성립한다. □

예제 3.2.11. X와 Y를 예제 3.2.5에서 나타나는 두 개의 연속확률변수라 하자. 정리 3.2.10을 이용하여, $Var(Y)$를 구하여라.

풀이. 주어진 조건에 의하면, $0 < x < 1$일 때 $f_X(x) = 2x$이고, $0 < y < x$일 때 $f_{Y|X}(y|X = x) = 1/x$이다. 그러므로

$$\begin{aligned}
E[Y|X = x] &= \int_{-\infty}^{\infty} y f_{Y|X}(y|X = x)dy \\
&= \int_0^x y \cdot \frac{1}{x} dy \\
&= \frac{x}{2},
\end{aligned}$$

이고, 따라서 $E[Y|X] = X/2$이다. 같은 방법에 의하여

$$\begin{aligned} E[Y^2|X=x] &= \int_{-\infty}^{\infty} y^2 f_{Y|X}(y|X=x)dy \\ &= \int_0^x y^2 \cdot \frac{1}{x} dy \\ &= \frac{x^2}{3}, \end{aligned}$$

이고, 따라서 $E[Y^2|X] = X^2/3$이다. 정의 3.2.9에 의하여,

$$Var(Y|X) = E[Y^2|X] - E[Y|X]^2 = \frac{X^2}{3} - \left(\frac{X}{2}\right)^2 = \frac{X^2}{12}$$

이고, 따라서

$$E[Var(Y|X)] = E\left[\frac{X^2}{12}\right] = \int_0^1 \frac{x^2}{12} \cdot 2xdx = \frac{1}{24}.$$

그리고

$$\begin{aligned} Var(E[Y|X]) &= Var\left(\frac{X}{2}\right) \\ &= \frac{1}{4}Var(X) = \frac{1}{4}(E[X^2] - E[X]^2) \\ &= \frac{1}{4}\left\{\int_0^1 x^2 \cdot 2xdx - \left(\int_0^1 x \cdot 2xdx\right)^2\right\} \\ &= \frac{1}{4}\left\{\frac{1}{2} - \left(\frac{2}{3}\right)^2\right\} \\ &= \frac{1}{72}. \end{aligned}$$

정리 3.2.10을 적용하면,

$$\begin{aligned} Var(Y) &= Var(E[Y|X]) + E[Var(Y|X)] \\ &= \frac{1}{24} + \frac{1}{72} \\ &= \frac{1}{18}. \end{aligned}$$

예제 3.2.12. ([3]) X와 Y를 5년 주기 마지막 날의 두 주식의 가격을 나타낸다고 하자. X는 구간 $(0, 12)$에서 균등분포를 따른다. 그리고 사건 $X = x$가 주어졌을 때, Y의 조건부분포는 구간 $(0, x)$에서 균등분포를 따른다. 이 모델에 따라서 $Cov(X, Y)$를 계산하여라.

풀이. 가정에 의하여, $0 < y < x$일 때 $f_{Y|X}(y|X = x) = 1/x$이고, $0 < x < 12$일 때 $f_X(x) = 1/12$이다. 그러므로 $0 < y < x < 12$일 때,

$$f_{X,Y}(x,y) = f_{Y|X}(y|X = x)f_X(x) = \frac{1}{12x}$$

이다. Y의 주변확률밀도함수는, $0 < y < 12$일 때,

$$f_Y(y) = \int_{\infty}^{\infty} f_{X,Y}(x,y)dx = \int_y^{12} \frac{1}{12x}dx = \frac{1}{12}\ln\left(\frac{12}{y}\right)$$

이다. 공분산의 정의에 의하여,

$$Cov(X,Y) = E[XY] - E[X]E[Y].$$

X가 $(0,12)$에서 균등분포를 가지므로, $E[X] = 12/2 = 6$. 그리고

$$E[Y] = \int_0^{12} yf_Y(y)dy = \int_0^{12} y\frac{1}{12}\ln\left(\frac{12}{y}\right)dy.$$

이 식의 우변의 정적분을 직접 계산하는 것이 쉽지 않으므로, 이중 기댓값의 성질 $E[Y] = E[E[Y|X]]$와 $E[XY] = E[E[XY|X]]$을 이용한다. 사건 $X = x$가 주어졌을 때, Y의 조건부분포는 구간 $(0,x)$에서 균등분포를 따르므로, $E[Y|X = x] = x/2$이고 따라서 $E[Y|X] = X/2$이다. 그러므로

$$E[Y] = E[E[Y|X]] = E\left[\frac{X}{2}\right] = \frac{6}{2} = 3.$$

역시 $E[XY] = E[E[XY|X]]$임을 이용하자.

$$E[XY|X] = XE[Y|X] = X \cdot \frac{X}{2} = \frac{X^2}{2}$$

이므로

$$E[XY] = E[E[XY|X]] = E\left[\frac{X^2}{2}\right] = \frac{1}{2}\int_0^{12} x^2\left(\frac{1}{12}\right)dx = 24.$$

결국, $Cov(X,Y) = 24 - (6)(3) = 6$이다.

별도의 방법으로, 참고 3.1.5(2)에 따라서 오직 $f_{X,Y}(x,y)$만을 이용하여 $E[X]$와 $E[Y]$, $E[XY]$를 구할 수 있다. 이를 위하여, $D = \{(x,y)|0 < x < 12, 0 < y < x\}$라 하자. 그러면

$$E[X] = \int\int_D xf_{X,Y}(x,y)dxdy = \int_0^{12}\left[\int_0^x x\frac{1}{12x}dyx\right]dx = 6,$$

$$E[Y] = \int\int_D yf_{X,Y}(x,y)dxdy = \int_0^{12}\left[\int_0^x y\frac{1}{12x}dy\right]dx = 3$$

그리고

$$E[XY] = \int\int_D xyf_{X,Y}(x,y)dxdy = \int_0^{12}\left[\int_0^x xy\frac{1}{12x}dy\right]dx = 24.$$

그러므로

$$Cov(X,Y) = E[XY] - E[X]E[Y] = 24 - (6)(3) = 6.$$

참고 3.2.13. (1) 만약 X와 Y가 이산확률변수이면, 전확률법칙에 의하여, 다음 성질이 성립함을 알 수 있다.

$$P(X \leq x) = \sum_{k=1}^{\infty} P(X \leq x|Y = k)p_Y(k).$$

(2) X와 Y를 연속확률변수라 하자. 정리 3.2.3으로부터,

$$f_{X,Y}(x,y) = f_{X|Y}(x|Y = y)f_Y(y)$$

이고, 따라서

$$\begin{aligned}\int_{-\infty}^x f_{X,Y}(u,y)du &= f_Y(y)\int_{-\infty}^x f_{X|Y}(u|Y = y)du\\ &= f_Y(y)F_{X|Y}(x|Y = y)\\ &= f_Y(y)P(X \leq x|Y = y).\end{aligned}$$

그러므로

$$\begin{aligned}P(X \leq x) =& P(X \leq x, -\infty < y < \infty)\\ =& \int_{-\infty}^{\infty}\left(\int_{-\infty}^x f_{X,Y}(u,y)du\right)dy\\ =& \int_{-\infty}^{\infty} P(X \leq x|Y = y)f_Y(y)dy.\end{aligned}$$

같은 방법으로,

$$P(X > x) = \int_{-\infty}^{\infty} P(X > x|Y = y) f_Y(y) dy.$$

예제 3.2.14. ([3]) 손실 X를 보상하는 어떤 보험계약을 생각하자. 단, X의 확률밀도함수는 다음과 같다.

$$f_X(x) = \begin{cases} 3x^2/8, & 0 \le x \le 2 \\ 0, & \text{이 외에서.} \end{cases}$$

손실 x, $0 \le x \le 2$에 대한 보험청구를 처리하는데 걸리는 시간 T(단위: 시간)가 구간 $(x, 2x)$에서 균등분포를 가진다고 한다. 이 보험계약에 따라서 랜덤하게 선택된 어떤 보험청구를 처리하는데 걸리는 시간이 세 시간 이상일 확률을 구하여라.

풀이. 손실이 $X = x$일 때, T의 조건부분포는 $(x, 2x)$에서 균등분포를 가지므로, $x < t < 2x$일 때 $f_{T|X}(t|X = x) = 1/x$이다. X의 확률밀도함수는 $f_X(x) = 3x^2/8,\ \ 0 \le x \le 2$이다. 그리고

$$\begin{aligned} P(T > 3|X = x) &= \int_3^{\infty} f_{T|X}(t|X = x) dt \\ &= \begin{cases} \int_3^{\infty} 0 dt = 0, & 2x \le 3, \quad \text{즉,} \quad x \le 1.5\text{일 때,} \\ \int_3^{\infty} \frac{1}{x} dt = \frac{2x-3}{x} & 3 < 2x \le 4 \quad \text{즉,} \quad 1.5 < x \le 2\text{일 때.} \end{cases} \end{aligned}$$

그러므로 참고 3.2.13(2)에 의하여

$$\begin{aligned} P(T > 3) &= \int_{1.5}^{2} P(T > 3|X = x) f_X(x) dx \\ &= \int_{1.5}^{2} \frac{2x - 3}{x} \cdot \frac{3x^2}{8} dx = \frac{11}{64}. \end{aligned}$$

정의 3.2.15. 확률변수 X와 Y의 **결합적률생성함수**(joint moment generating function) $M_{X,Y}(u, v)$를 다음과 같이 정의한다.

$$M_{X,Y}(u, v) = E[e^{uX+vY}].$$

결합적률생성함수 $M_{X,Y}(u,v)$는 다음 정리를 만족한다.

정리 3.2.16. *(i)* $M_{X,Y}(u,0) = M_X(u)$, $M_{X,Y}(0,v) = M_Y(v)$.

(ii) $\frac{\partial}{\partial u} M_{X,Y}(u,v)|_{u=v=0} = E[X]$ 이고 $\frac{\partial}{\partial v} M_{X,Y}(u,v)|_{u=v=0} = E[Y]$.

(iii) $\frac{\partial^{m+n}}{\partial^m u \partial^n v} M_{X,Y}(u,v)|_{u=v=0} = E[X^m Y^n]$.

(iv) X와 Y가 독립일 필요충분조건은

$$M_{X,Y}(u,v) = M_X(u)M_Y(v), \quad u,v \in \mathbf{R}.$$

증명. 성질 (i)은 분명하다. (ii)는 (iii)의 특수한 경우이다. 연속인 경우 (iii)을 증명하자. 이산인 경우의 증명도 비슷하다. 참고 3.1.5(2)에 의하여,

$$\begin{aligned}\frac{\partial^{m+n}}{\partial^m u \partial^n v} M_{X,Y}(u,v) &= \frac{\partial^{m+n}}{\partial^m u \partial^n v} \int_{-\infty}^{\infty}\int_{-\infty}^{\infty} e^{ux+vy} f_{X,Y}(x,y)dxdy \\ &= \int_{-\infty}^{\infty}\int_{-\infty}^{\infty} x^m y^n e^{ux+vy} f_{X,Y}(x,y)dxdy.\end{aligned}$$

그러므로 또 다시 참고 3.1.5(2)에 의하여

$$\begin{aligned}\frac{\partial^{m+n}}{\partial^m u \partial^n v} M_{X,Y}(u,v)|_{u=v=0} &= \int_{-\infty}^{\infty}\int_{-\infty}^{\infty} x^m y^n f_{X,Y}(x,y)dxdy. \\ &= E[X^m Y^n].\end{aligned}$$

마지막으로, 연속인 경우 (iv)을 증명하자. X와 Y가 독립이라 가정하자. 그러면

$$M_{X,Y}(u,v) = E[e^{uX+vY}] = E[e^{uX}]E[e^{vY}] = M_X(u)M_Y(v).$$

역으로, 만약

$$M_{X,Y}(u,v) = M_X(u)M_Y(v)$$

이면,

$$\int_{-\infty}^{\infty}\int_{-\infty}^{\infty} e^{ux+vy} f_{X,Y}(x,y)dxdy = \int_{-\infty}^{\infty} e^{ux} f_X(x)dx \int_{-\infty}^{\infty} e^{vy} f_Y(y)dy$$

이다. 즉,

$$\int_{-\infty}^{\infty}\int_{-\infty}^{\infty} e^{ux+vy} f_{X,Y}(x,y)dxdy = \int_{-\infty}^{\infty}\int_{-\infty}^{\infty} e^{ux+vy} f_X(x)f_Y(y)dxdy.$$

결합적률생성함수의 일의성에 의하여, 다음 식이 성립한다.

$$f_{X,Y}(x,y) = f_X(x)f_Y(y), \quad (x,y) \in \mathbf{R}^2.$$

이것은 X와 Y가 독립임을 의미한다. 이산인 경우 (iv)의 증명도 비슷하므로 생략한다. □

예제 3.2.17. X와 Y를 연속확률변수라 하고, 다음과 같은 결합확률밀도함수를 가진다고 하자.

$$f_{X,Y}(x,y) = \begin{cases} e^{-x-y}, & 0 < x < \infty, 0 < y < \infty \\ 0, & \text{그 외에서.} \end{cases}$$

X와 Y의 결합적률생성함수 $M_{X,Y}(u,v)$와 공분산 $Cov(X,Y)$를 구하여라.

풀이. 결합적률생성함수의 정의에 의하여, 임의의 $u, v < 1$에 대하여,

$$\begin{aligned} M_{X,Y}(u,v) &= E[e^{uX+vY}] \\ &= \int_0^\infty \int_0^\infty e^{ux+vy}e^{-x-y}dxdy. \\ &= \frac{1}{1-u} \cdot \frac{1}{1-v} \end{aligned}$$

이다. 따라서

$$E[X] = \frac{\partial M(0,0)}{\partial u} = \frac{1}{(1-u)^2} \cdot \frac{1}{1-v}|_{u=v=0} = 1,$$

$$E[Y] = \frac{\partial M(0,0)}{\partial v} = \frac{1}{1-u} \cdot \frac{1}{(1-v)^2}|_{u=v=0} = 1$$

이고

$$E[XY] = \frac{\partial^2 M(u,v)}{\partial u \partial v}|_{u=v=0} = \frac{1}{(1-u)^2} \cdot \frac{1}{(1-v)^2}|_{u=v=0} = 1$$

이다. 그러므로

$$Cov(X,Y) = E[XY] - E[X]E[Y] = 1 - 1 \times 1 = 0.$$

예제 3.2.18. 세 개의 확률변수 X, Y, Z가 독립이고, 이들 각각의 적률생성함수가 다음과 같다고 한다.

$$M_X(t) = (1-2t)^{-3},$$

$$M_Y(t) = (1-2t)^{-2.5}$$

그리고

$$M_Z(t) = (1-2t)^{-4.5}$$

이 때 $E[(X+Y+Z)^3]$를 계산하여라.

풀이. $W = X+Y+Z$라 두자. $E[W^3]$를 계산하면 된다. X, Y, Z가 독립이므로

$$\begin{aligned} M_W(t) &= E[e^{tW}] = E\left[e^{t(X+Y+Z)}\right] \\ &= E\left[e^{tX}e^{tY}e^{tZ}\right] \\ &= E\left[e^{tX}\right]E\left[e^{tY}\right]E\left[e^{tZ}\right] \\ &= M_X(t)M_Y(t)M_Z(t) \\ &= (1-2t)^{-3}(1-2t)^{-2.5}(1-2t)^{-4.5} \\ &= (1-2t)^{-10}. \end{aligned}$$

따라서

$$\begin{aligned} M_W'(t) &= (-10)(-2)(1-2t)^{-11} = 20(1-2t)^{-11}, \\ M_W''(t) &= 440(1-2t)^{-12}, \\ M_W'''(t) &= 10,560(1-2t)^{-13}. \end{aligned}$$

그러므로 참고 2.2.7(4)에 의하여,

$$E[W^3] = M_W'''(0) = 10,560$$

제 4 장

확률변수의 함수

제 4.1 절 확률변수의 함수의 분포

우리는 어떤 실험에 관련된 확률변수들의 함수에 관심을 가질 때가 많이 있다. 예를 들어, 만약 $X_1, X_2, \ldots, X_n$을 랜덤한 어떤 양을 반복적으로 측정한 값을 나타낸다고 하면, 표본평균 $\overline{X} = \frac{1}{n}\sum_{i=1}^{n} X_i$ 또는 표본분산 $U^2 = \frac{1}{n-1}\sum_{i=1}^{n}(X_i - \overline{X})^2$ 뿐만 아니라 최대값과 최소값에 관심을 가질 것이다. 이 절에서는 두 개의 확률변수 X_1, X_2의 함수 $g(X_1, X_2)$를 포함하는 사건의 확률을 구하는 방법을 소개한다.

먼저 하나의 확률변수 X의 함수 $Y = u(X)$의 확률밀도함수를 구해보자. X를 분포함수 $F_X(x)$와 확률밀도함수 $f_X(x)$를 가지는 연속확률변수라 가정하고, 또 $u(x)$를 일 대 일 대응 함수라 하자. 그러면 $u(x)$는 역함수 u^{-1}를 가지고, $u^{-1}(u(x)) = x$이다. 그러므로 $Y = u(X)$의 분포함수 $F_Y(y)$는 다음과 같다.

$$F_Y(y) = P(Y \le y) = P(u(X) \le y) = P(X \le u^{-1}(y)) = F_X(u^{-1}(y)).$$

이 식의 양변을 미분하면,

$$f_Y(y) = f_X(u^{-1}(y))|(u^{-1})'(y)| = f_X(x)\left|\frac{dx}{dy}\right|. \tag{4.1.1}$$

비슷한 방법으로, 만약 X가 확률질량함수 $p_X(x)$를 가지는 이산확률변수이면,

$$\begin{aligned} p_Y(y) &= P(Y=y) = P(u(X)=y) = P(X \in u^{-1}(y)) \\ &= \sum_{x_i = u^{-1}(y)} P(X = x_i) = \sum_{x_i = u^{-1}(y)} p_X(x_i). \end{aligned}$$

예제 4.1.1. X를 다음과 같은 확률밀도함수를 가지는 연속확률변수라 하자.

$$f_X(x) = \begin{cases} \frac{1}{x^2}, & x \geq 1 \\ 0, & \text{그 외에서.} \end{cases}$$

이 때 확률변수 $Y = e^{-X}$의 확률밀도함수를 구하여라.

풀이. $y = u(x) = e^{-x}$이므로,

$$\frac{dx}{dy} = \frac{1}{dy/dx} = \frac{1}{-e^{-x}} = -e^{x} = -\frac{1}{y}.$$

그러므로 등식 (4.1.1)에 의하여,

$$f_Y(y) = f_X(x)\left|\frac{dx}{dy}\right| = \frac{1}{(-\ln y)^2} \cdot \frac{1}{y}, \quad \text{since} \quad x = -\ln y.$$

이 함수는 $x \geq 1$이 때, 즉, $0 < y \leq e^{-1}$일 때 Y의 확률밀도함수이다. 결국 Y의 확률밀도함수를 완전하게 묘사하면 다음과 같다.

$$f_Y(y) = \begin{cases} \frac{1}{y(\ln y)^2}, & 0 < y \leq e^{-1} \\ 0, & \text{그 외에서.} \end{cases}$$

두 개의 확률변수 X_1, X_2와 $\mathbf{R}^2$ 상의 실수값을 가지는 함수 g에 대하여, 확률변수 Z를 $Z = g(X_1, X_2)$에 의하여 정의하자. Z의 분포함수를 발견하기 위하여, $\{Z \leq z\} = \{(X_1, X_2) \in A_z\}$임을 유의하자. 단, $A_z = \{(x_1, x_2) \in \mathbf{R}^2 : g(x_1, x_2) \leq z\}$. 그러므로

$$\begin{aligned} F_Z(z) &= P(g(X_1, X_2) \leq z) \\ &= P((X_1, X_2) \in A_z) \\ &= \int\int_{A_z} f_{X_1, X_2}(x_1, x_2) dx_1 dx_2. \end{aligned}$$

Z의 확률밀도함수 $f_Z(z)$는 $F_Z(z)$를 z에 관하여 미분하여 얻을 수 있다. 즉, $f_Z(z) = F'_Z(z)$.

정리 4.1.2. *두 개의 확률변수 X_1과 X_2에 대하여, $Y = X_1 + X_2$라 두면 다음 사실이 성립한다.*

(i) X_1과 X_2가 음이 아닌 정수값을 가지는 이산확률변수인데 결합확률질량함수 $p_{X_1,X_2}(x_1,x_2)$를 가지면, Y의 확률질량함수는 다음과 같이 주어진다.

$$p_Y(k) = P(Y = k) = \sum_{x_1=0}^{k} p_{X_1,X_2}(x_1, k - x_1).$$

(ii) X_1과 X_2가 연속확률변수인데 결합확률밀도함수 $f_{X_1,X_2}(x_1,x_2)$를 가지면, Y의 확률밀도함수는 다음과 같이 주어진다.

$$f_Y(y) = \int_{-\infty}^{\infty} f_{X_1,X_2}(x_1, y - x_1)dx_1.$$

증명. (i) 전확률법칙 (1.4.1)를 이용하면,

$$\begin{aligned}
p_Y(k) &= P(X_1 + X_2 = k) \\
&= \sum_{x_1=0}^{k} P(X_1 + X_2 = k | X_1 = x_1)P(X_1 = x_1) \\
&= \sum_{x_1=0}^{k} P(X_1 + X_2 = k, X_1 = x_1) \\
&= \sum_{x_1=0}^{k} P(X_1 = x_1, X_2 = k - x_1) \\
&= \sum_{x_1=0}^{k} p_{X_1,X_2}(x_1, k - x_1).
\end{aligned}$$

(ii) 사건 $\{X_1 + X_2 \le y\}$을 사건 $\{(X_1, X_2) \in A_y\}$라 표기하자. 단,

$$A_y = \{(x_1, x_2)| \quad -\infty < x_1 < \infty, -\infty < x_2 \le y - x_1\}.$$

그러면 분포함수는 다음과 같이 주어진다.

$$\begin{aligned} F_Y(y) &= P(X_1 + X_2 \le y) \\ &= P((X_1, X_2) \in A_y) \\ &= \int\int_{A_y} f_{X_1,X_2}(x_1, x_2)dx_1dx_2 \\ &= \int_{-\infty}^{\infty} \left\{ \int_{-\infty}^{y-x_1} f_{X_1,X_2}(x_1, x_2)dx_2 \right\} dx_1 \end{aligned}$$

양변을 미분하면,

$$f_Y(y) = \int_{-\infty}^{\infty} f_{X_1,X_2}(x_1, y - x_1)dx_1.$$

그러므로 증명이 성립한다. □

예제 4.1.3. X_1과 X_2가 이산확률변수인데 결합확률질량함수 $p_{X_1,X_2}(x_1, x_2)$의 값이 다음과 같이 주어진다고 하자.

$X_2 \setminus X_1$	0	1	2
4	1/18	3/18	3/18
5	1/18	0	3/18
6	4/18	1/18	2/18

$Y = X_1 + X_2$일 때 P(Y=6)를 구하여라.

풀이. X_1이 $\{0, 1, 2\}$에서 값을 가지므로, 정리 4.1.2(i)을 적용하면,

$$\begin{aligned} p_Y(6) = P(Y = 6) &= \sum_{x_1=0}^{2} p_{X_1,X_2}(x_1, 6 - x_1) \\ &= p_{X_1,X_2}(0, 6) + p_{X_1,X_2}(1, 5) + p_{X_1,X_2}(2, 4) \\ &= \frac{4}{18} + 0 + \frac{3}{18} \\ &= \frac{7}{18}. \end{aligned}$$

예제 4.1.4. X_1과 X_2가 연속인 확률변수인데 서로 독립이고 똑같은 확률밀도함수

$$f_{X_1}(x) = f_{X_2}(x) = \begin{cases} \beta e^{-\beta x}, & x > 0 \\ 0, & x < 0 \end{cases}$$

를 가진다고 하고, $Y = X_1 + X_2$라 하자. 이 때 $Y \sim G(2, \beta)$임을 증명하여라.

풀이. 다음 식

$$f_Y(y) = \frac{\beta^2 y e^{-\beta y}}{\Gamma(2)} = \beta^2 y e^{-\beta y}$$

이 성립함을 보이기만 하면 된다. 정리 4.1.2(ii)에 의하여, 다음과 같이 성립함을 알 수 있다.

$$\begin{aligned} f_Y(y) &= \int_{-\infty}^{\infty} f_{X_1,X_2}(x_1, y - x_1)dx_1 \\ &= \int_{-\infty}^{\infty} f_{X_1}(x_1) f_{X_2}(y - x_1)dx_1 \\ &= \int_0^y \beta e^{-\beta x_1} \cdot \beta e^{-\beta(y-x_1)}dx_1 \\ &= \beta^2 \int_0^y e^{-\beta y}dx_1 \\ &= \beta^2 y e^{-\beta y}. \end{aligned}$$

참고 4.1.5. (1) 확률변수 $X_1, X_2, \cdots, X_n$에 대하여, 확률변수 Y를 $Y = \sum_{i=1}^n X_i$에 의하여 정의하자. 그러면 참고 3.1.16과 같은 계산에 의하여,

$$E[Y] = \sum_{i=1}^n E[X_i]$$

이고

$$Var[Y] = \sum_{i=1}^n Var(X_i) + \sum_{i \neq j} Cov(X_i, X_j)$$

임을 알 수 있다. 만약 $X_1, X_2, \cdots, X_n$이 독립이면,

$$Var[Y] = \sum_{i=1}^n Var(X_i), \quad M_Y(t) = \prod_{i=1}^n M_{X_i}(t).$$

(2) $X_1, X_2, \cdots, X_n$과 $Y_1, Y_2, \cdots, Y_m$을 확률변수들이라 하고, c와 $a_1, a_2, \cdots, a_n$ 그리고 d와 $b_1, b_2, \cdots, b_m$를 상수들이라 할 때,

$$Cov\left(\sum_{i=1}^n a_i X_i + c, \sum_{j=1}^m b_j Y_j + d\right) = \sum_{i=1}^n \sum_{j=1}^m a_i b_j Cov(X_i, Y_j).$$

예제 4.1.6. ([2]) $X_1, X_2, \cdots, X_n$을 같은 분산 σ^2를 가지는 서로 독립인 확률변수열이라 하고, U와 V를 각각 $U = 2X_1 + X_2 + \cdots + X_{n-1}$과 $V = X_2 + \cdots + X_{n-1} + 2X_n$에 의해 정의한다. U와 V의 상관계수를 구하여라.

풀이. U와 V의 분산은 각각 다음과 같이 주어진다.

$$\begin{aligned} Var(U) &= 4Var(X_1) + Var(X_2) + \cdots + Var(X_{n-1}) \\ &= (n+2)\sigma^2 \end{aligned}$$

이고

$$\begin{aligned} Var(V) &= Var(X_2) + \cdots + Var(X_{n-1}) + 4Var(X_n) \\ &= (n+2)\sigma^2 \end{aligned}$$

이다. $X_1, X_2, \cdots, X_n$가 서로 독립이므로, 만약 $i \neq j$이면 $Cov(X_i, X_j) = 0$이다. 그리고 $Cov(X, X) = Var(X)$이므로,

$$\begin{aligned} Cov(U, V) &= Cov(2X_1, X_2) + \cdots + Cov(X_{n-1}, 2X_n) \\ &= Var(X_2) + \cdots + Var(X_{n-1}) \\ &= (n-2)\sigma^2. \end{aligned}$$

그러므로

$$\begin{aligned} \rho_{U,V} &= \frac{Cov(U, V)}{\sqrt{Var(U)}\sqrt{Var(V)}} \\ &= \frac{(n-2)\sigma^2}{(n+2)\sigma^2} \\ &= \frac{n-2}{n+2}. \end{aligned}$$

다음 결과는 보험수학에서 매우 중요하다.

정리 4.1.7. X_i, $i = 1, 2, \cdots$가 서로 독립이고 어떤 확률변수 X와 분포가 같은 확률변수열이라 하고, 확률변수 Y를

$$Y = X_1 + X_2 + \cdots + X_N$$

와 같이 정의하자. 여기서 N은 X_j들과 독립인 어떤 확률변수이다. 이 때 다음과 같은 사실이 성립한다.

(i) $E[Y] = E[N]E[X]$.

(ii) $Var(Y) = Var(N)E[X]^2 + E[N]Var(X)$.

증명. (i) 먼저 Y의 적률생성함수 $M_Y(t)$를 구하자.

$$\begin{aligned} E\left[e^{tY}|N=n\right] &= E\left[\exp\left\{t\sum_{i=1}^{N} X_i\right\}|N=n\right] \\ &= E\left[\exp\left\{t\sum_{i=1}^{n} X_i\right\}\right] \\ &= E\left[\Pi_{i=1}^{n} e^{tX_i}\right] \\ &= \Pi_{i=1}^{n} E\left[e^{tX_i}\right] \\ &= E\left[e^{tX}\right]^n \\ &= M_X(t)^n. \end{aligned}$$

이 식으로부터,

$$E\left[e^{tY}|N\right] = M_X(t)^N.$$

조건부기댓값의 성질에 의하여,

$$\begin{aligned} M_Y(t) &= E\left[e^{tY}\right] \\ &= E\left[E\left[e^{tY}|N\right]\right] \\ &= E\left[M_X(t)^N\right]. \end{aligned}$$

양변을 미분하면,

$$M_Y'(t) = E\left[NM_X^{N-1}(t)M_X'(t)\right]. \tag{4.1.2}$$

그러므로

$$E[Y] = M_Y'(0) = E\left[NM_X(0)^{N-1}M_X'(0)\right].$$

여기서 $M_X(0) = 1$이고 $M_X'(0) = E[X]$이므로,

$$E[Y] = E[NE[X]] = E[N]E[X].$$

등식 (4.1.2)의 양변을 다시 미분하면,

$$M_Y''(t) = E\left[N(N-1)M_X(t)^{N-2}M_X'(t)^2 + NM_X(t)^{N-1}M_X''(t)\right]$$

이고, 따라서

$$\begin{aligned} E\left[Y^2\right] &= M_Y''(0) \\ &= E\left[N(N-1)M_X(0)^{N-2}{M_X'}^2(0) + NM_X(0)^{N-1}M_X''(0)\right] \\ &= E\left[N(N-1)E[X]^2 + NE[X^2]\right] \\ &= E\left[N\left(E[X^2]-E[X]^2\right) + N^2E[X]^2\right] \\ &= E[N]Var(X) + E[N^2]E[X]^2. \end{aligned}$$

이들로부터,

$$\begin{aligned} Var(Y) &= E[Y^2] - E[Y]^2 \\ &= E[N]Var(X) + E[N^2]E[X]^2 - E[N]^2E[X]^2 \\ &= E[N]Var(X) + (E[N^2]-E[N]^2)E[X]^2 \\ &= E[N]Var(X) + Var(N)E[X]^2. \end{aligned}$$

이것으로 증명은 끝난다. □

제 4.2 절 중심극한정리

$X_1, X_2, \cdots$ 를 같은 평균 μ와 같은 분산 σ^2를 가지고 서로 독립인 확률변수열이라 하고, Y_n을 이들 중 처음 n개의 합이라 하자.
즉, Y_n을 다음과 같이 정의하자.

$$Y_n = X_1 + X_2 + \cdots + X_n.$$

이 절에서, 중심극한정리를 소개하겠다. 이 정리는 n이 충분히 클 때 Y_n이 근사적으로 정규확률변수가 된다는 것을 말하고 있다. 그러므로 중심극한정리는 정규확률변수가 많은 응용에 사용되는 이유를 설명하고 있다.

참고 4.1.5(1)로부터, 만약 X_j들이 **iid 확률변수열**(iid random variables)이면, 즉, 이들이 서로 독립이고 같은 분포를 가지면, Y_n은 평균 $n\mu$와 분산 $n\sigma^2$를 가진다. 중심극한정리는 Y_n의 표준화가 근사적으로 표준정규확률변수가 된다는 것을 말한다.

정리 4.2.1. *$X_1, X_2, \cdots$을 평균 μ와 분산 σ^2를 가지는 iid 확률변수열이라 하고,*

$$Y_n = X_1 + X_2 + \cdots + X_n$$

라 하자. 그러면
(i) $E[Y_n] = n\mu$ 이고 $Var(Y_n) = n\sigma^2$.
(ii) 만약

$$Z_n = \frac{Y_n - n\mu}{\sqrt{n}\sigma}$$

이면, 근사적으로 $Z_n \sim N(0, 1^2)$이다. 즉,

$$\lim_{n \to 0} P(Z_n \leq z) = \Phi(z) = \int_0^z \frac{1}{2\pi} e^{-x^2/2} dx.$$

(iii) 충분히 큰 n에 대하여, 근사적으로 $Y_n \sim N(n\mu, n\sigma^2)$.

증명. 성질 (i)은 참고 4.1.5(1)에 의하여 분명하다. 성질 (ii)를 증명하자. $M(t)$를 X_i들의 공통의 적률생성함수라 하자. X_i들이 서로 독립이므로,

$$\begin{aligned} M_{Y_n}(t) &= E\left[e^{tY_n}\right] = E\left[e^{t\Sigma_{i=1}^n X_n}\right] \\ &= E\left[e^{tX_1} \cdots e^{tX_n}\right] \\ &= E\left[e^{tX_1}\right] \cdots E\left[e^{tX_n}\right] \\ &= M(t)^n. \end{aligned}$$

그러므로

$$\begin{aligned} M_{Z_n}(t) &= E\left[e^{tZ_n}\right] = E\left[e^{\frac{t(-n\mu+Y_n)}{\sqrt{n}\sigma}}\right] \\ &= e^{\frac{-\sqrt{n}t\mu}{\sigma}} E\left[e^{t\frac{Y_n}{\sqrt{n}\sigma}}\right] \\ &= e^{\frac{-\sqrt{n}t\mu}{\sigma}} M_{Y_n}\left(\frac{t}{\sqrt{n}\sigma}\right) \\ &= e^{\frac{-\sqrt{n}t\mu}{\sigma}} \left(M\left(\frac{t}{\sqrt{n}\sigma}\right)\right)^n. \end{aligned}$$

양변에 ln를 취하면,

$$lnM_{Z_n}(t) = -\frac{\sqrt{n}\mu}{\sigma}t + n\ln M\left(\frac{t}{\sqrt{n}\sigma}\right).$$

함수 $M(t)$의 Maclaurin 전개식은 다음과 같다.

$$M(t) = 1 + M'(0)t + \frac{M''(0)}{2!}t^2 + R$$

여기서 R은 나머지 항이다. $M'(0) = E[X_1] = \mu$이고 $M''(0) = E[X_1^2] = E[X_1]^2 + Var(X_1) = \mu^2 + \sigma^2$이므로

$$M_X(t) = 1 + \mu t + \frac{(\mu^2+\sigma^2)}{2}t^2 + R.$$

따라서

$$\ln M_{Z_n}(t) = -\frac{\sqrt{n}\mu}{\sigma}t + n\ln\left[1 + \frac{\mu t}{\sqrt{n}\sigma} + \frac{(\mu^2+\sigma^2)t^2}{2n\sigma^2} + R\right].$$

함수 $\ln(1+x)$의 Maclaurin 전개식은 다음과 같다.

$$\ln(1+x) = x - \frac{x^2}{2} + \frac{x^3}{3} - \cdots, \quad |x| < 1.$$

우리의 경우,

$$x = \frac{\mu t}{\sqrt{n}\sigma} + \frac{(\mu^2+\sigma^2)t^2}{2n\sigma^2} + R$$

이고, n이 충분히 클 때, 이것의 절대값이 1보다 작다는 사실은 분명하다. 그러므로

$$\ln M_{Z_n}(t) = -\frac{\sqrt{n}\mu t}{\sigma} + n\left[\left\{\frac{\mu t}{\sqrt{n}\sigma} + (\mu^2+\sigma^2)\frac{t^2}{2n\sigma^2} + R\right\} - \frac{1}{2}\left\{\frac{\mu t}{\sqrt{n}\sigma} + (\mu^2+\sigma^2)\frac{t^2}{2n\sigma^2} + R\right\}^2 + \cdots\right].$$

우변은, $n \to \infty$일 때, $t^2/2$에 수렴한다. 즉,

$$\lim_{n\to\infty} \ln M_{Z_n}(t) = \frac{t^2}{2}.$$

따라서

$$\lim_{n\to\infty} M_{Z_n}(t) = e^{\frac{t^2}{2}}.$$

이것은 표준정규확률변수의 적률생성함수이다. 적률생성함수의 일의성에 의하여, $n \to \infty$일 때, Z_n의 분포함수가 표준정규확률변수의 분포함수에 수렴한다는 결론을 얻는다.

마지막으로 (iii)를 증명하자. 우리는 조금 전, 충분히 큰 n에 대하여, 근사적으로 $Z_n \sim N(0, 1^2)$임을 증명하였다. $Y_n = n\sqrt{\sigma}Z_n + n\mu$이므로, 정리 2.4.5를 이용하면, 충분히 큰 n에 대하여, 근사적으로 $Y_n \sim N(n\mu, n\sigma^2)$이다. 이것으로 증명은 끝난다. □

따름정리 4.2.2 (중심극한정리(central limit theorem)). *공통의 평균 μ와 공통의 분산 σ^2을 가지는 n개의 iid 확률변수 $X_1, X_2, \cdots, X_n$에 대하여,*

$$\bar{X} = \frac{1}{n}\sum_{i=1}^{n} X_i$$

라 정의하자. 그러면 근사적으로,

$$\frac{\bar{X}-\mu}{\sigma/\sqrt{n}} \sim N(0, 1^2) \tag{4.2.1}$$

이고

$$\bar{X} \sim N\left(\mu, \frac{\sigma^2}{n}\right). \tag{4.2.2}$$

증명. 단순한 계산에 의하여, 다음과 같이 쓸 수 있다.

$$\frac{\bar{X}-\mu}{\sigma/\sqrt{n}} = \frac{\frac{1}{n}\Sigma_{i=1}^{n}X_i-\mu}{\sigma/\sqrt{n}} = \frac{\Sigma_{i=1}^{n}X_i-n\mu}{\sqrt{n}\sigma}.$$

우변은 정리 4.2.1에 있는 Z_n과 같으므로, 등식 (4.2.1)이 성립한다. 등식 (4.2.1)과 정리 4.2.1(iii)의 증명과 같은 논리에 의하여 등식 (4.2.2)가 참임을 알 수 있다. □

예제 4.2.3. 정상적인 주사위를 420회 굴린다. 이 때 나타나는 주사위의 눈금의 합이 1400과 1540의 사이의 값이 될 확률은 얼마인가?

풀이. 주사위의 눈금의 합은 다음과 같은 확률변수

$$Y_{420} = X_1 + X_2 + \cdots + X_{420}$$

에 의해 주어진다. 여기서 X_j는 공통의 확률질량함수 $p_{X_j}(k) = 1/6, k = 1, 2, \cdots, 6$을 가진다. 따라서 임의의 $j = 1, 2, \cdots, 420$에 대하여,

$$\begin{aligned} E[X_j] &= 1 \times \frac{1}{6} + 2 \times \frac{1}{6} + \cdots + 6 \times \frac{1}{6} \\ &= \frac{7}{2}(= \mu) \end{aligned}$$

이고

$$\begin{aligned} Var(X_j) &= E[X_j^2] - E[X_j]^2 \\ &= 1^2 \times \frac{1}{6} + 2^2 \times \frac{1}{6} + \cdots + 6^2 \times \frac{1}{6} - \left(\frac{7}{2}\right)^2 \\ &= \frac{35}{12}(= \sigma^2) \end{aligned}$$

이다. 그러므로

$$E[Y_{420}] = 420 \cdot \frac{7}{2} = 1470(= n\mu)$$

이고

$$Var(Y_{420}) = 420 \cdot \frac{35}{12} = 1225 = 35^2(= n\sigma^2)$$

이다. 정리 4.2.1(iii)에 의하여, 근사적으로, $Y_{420} \sim N(1470, 35^2)$이다. 따라서

$$\begin{aligned}
&P(1400 \leq Y_{420} \leq 1540) \\
&= P\left(\frac{1400-1470}{35} \leq \frac{Y_{420}-1470}{35} \leq \frac{1540-1470}{35}\right) \\
&= P\left(-2 \leq \frac{Y_{420}-1470}{35} \leq 2\right) \\
&= \Phi(2) - \Phi(-2) \\
&= 2\Phi(2) - 1 \\
&= 2 \cdot 0.9772 - 1 \\
&= 0.9544.
\end{aligned}$$

예제 4.2.4. $X \sim B(1, 0.5)$이고 $X, X_1, X_2, \cdots, X_{25}$가 iid 확률변수열이라 가정하자. 그리고 Y_{25}를

$$Y_{25} = X_1 + X_2 + \cdots + X_{25}$$

와 같이 정의 할 때, $P(Y_{25} \leq 12)$를 계산하여라.

풀이. $E[X] = 1 \times 0.5 = 0.5$이고 $Var(X) = 1 \times 0.5 \times 0.5 = (0.5)^2$이므로, $E[Y_{25}] = 25 \times 0.5 = 12.5$이고 $Var(Y_{25}) = 25 \times (0.5)^2 = 5^2 \times (0.5)^2 = (2.5)^2$이다. 그러므로

$$\begin{aligned}
P(Y_{25} \leq 12) &= P\left(\frac{Y_{25}-12.5}{2.5} \leq \frac{12-12.5}{2.5}\right) \\
&= P\left(\frac{Y_{25}-12.5}{2.5} \leq -0.2\right) \\
&\approx \Phi(-0.2) \\
&= 1 - \Phi(0.2) \\
&= 1 - 0.5793 \\
&= 0.4207.
\end{aligned}$$

그러나 Y_{25} 정수값을 가지는 확률변수이므로, 연속수정법 (참고 2.4.12를 보라)에 의하여,

$$\begin{aligned}P(Y_{25} \le 12) &= P(Y_{25} < 12.5)\\ &= P\left(\frac{Y_{25}-12.5}{2.5} \le \frac{12.5-12.5}{2.5}\right)\\ &\approx \Phi(0) = 0.5\end{aligned}$$

이다. 이것은 정상적인 동전을 25번 던질 때 많아야 12번 앞면이 나올 정확한 확률값을 나타내고 있다.

예제 4.2.5. $X \sim P(1)$이고 $X, X_1, X_2, \cdots, X_{64}$가 iid 확률변수열이라 가정하자. $Y_{64} = X_1 + X_2 + \cdots + X_{64}$일 때, $P(50 < Y_{64} \le 80)$를 계산하여라.

풀이. Y_{64}가 정수값을 가지는 확률변수이므로, 또 다시 연속수정법을 이용하면,

$$\begin{aligned}P(50 < Y_{64} \le 80) &= P(51 \le Y_{64} \le 80)\\ &= P(50.5 < Y_{64} < 80.5).\end{aligned}$$

$E[X] = Var(X) = 1$이므로, $E[Y_{64}] = 64E[X] = 64$이고 $Var(Y_{64}) = 64Var(X) = 64 = 8^2$이다. 그러므로

$$\begin{aligned}P(50 < Y_{64} \le 80) &= P(50.5 < Y_{64} < 80.5)\\ &= P\left(\frac{50.5-64}{8} < \frac{Y_{64}-64}{8} < \frac{80.5-64}{8}\right)\\ &= P\left(-1.69 < \frac{Y_{64}-64}{8} < 2.06\right)\\ &\approx \Phi(2.06) - \Phi(-1.69)\\ &= \Phi(2.06) + \Phi(1.69) - 1\\ &= 0.9803 + 0.9545 - 1\\ &= 0.9348.\end{aligned}$$

제 5 장

보험에의 응용

제 5.1 절 보험은 어떻게 이루어지는가?

현대사회에는 재산상의 손실을 입히는 많은 **위험**(risk)이 발생한다. 예를 들어,
(1) 주택 소유자는 주택화재에 의하여 생기는 경제적 손실을 입힐 수 있는 다양한 잠재적 위험에 직면한다.
(2) 자동차 운전자는 자동차가 손상을 입을 잠재적 손실에 직면한다.
(3) 어느 가정은 가족의 치과 의료비용에 의한 재산상의 손실을 입을 위험에 직면한다.

재산상의 잠재적 손실을 입을 위험에 놓인 사람은 손실의 영향을 줄이기 위하여 어떤 형태의 **보험**(insurance)에 가입한다. **보험증권**(insurance policy)은 위험에 직면한 쪽(=**보험계약자**(policyholder) 혹은 **보험가입자**(insured))와 보험회사(=**보험업자**(insurer)) 사이의 계약이다. 보험증권은 보험계약자가 일정한 금액(=**보험료**(premium))을 보험회사에 지불하고, 그 반면, 보험회사는 특정한 금액(=**보험금**(claim or benefit)) 으로 보상하도록 요구한다.

손실은 일반적으로 어떤 확률변수 혹은 확률변수들의 결합을 이용하여 표현된다. *특별한 언급이 없으면, 발생한 손실금액과 보상하는 보험금액은 일치한*

다고 가정하겠다. 손실 혹은 보험금을 나타내는 확률변수를 X라 할 때, 보험회사의 **기대보험금**(expected claim) $E[X]$를 보험계약자의 **순보험료**(pure premium or net premium)라 부른다.

손실을 나타내는 확률변수 X에 대하여, 위험의 측도는 $\sqrt{Var(X)}$이다. 이 경우 $\sqrt{Var(X)}/E[X]$를 손실 X에 대한 **단위화된 위험**(unitized risk) 또는 **변동성 계수**(coefficient of variation)라 부른다.

제 5.2 절 손실을 표현하는 모델

손실을 나타내는 확률변수 X를 기술하기 위한 세 가지의 모델을 생각할 수 있다:

(I) 확률변수 X에 대한 직접적 설명이 주어지는 경우.

(II) 손실이 일어날 확률 q가 주어지고, 손실이 일어났을 때 손실금액 X의 조건부분포가 주어지는 경우. 지금부터 X의 조건부분포를 확률변수 B의 분포라 하겠다.

(III) 특정한 보험계약자에게 손실이 일어나는 횟수 N과 각 손실에 대한 보험금 B가 주어지는 경우.

이제부터 위의 각 경우에 $E[X]$와 $Var(X)$를 계산하여 보험료를 책정할 수 있도록 할 것이다.

경우 (I).

확률변수 X에 대한 직접적 설명이 주어지는 경우이다. 만약 X가 연속확률변수이면, 확률밀도함수 $f_X(x)$인 분포함수 $F_X(x)$가 주어질 것이다. 만약 X가 이산확률변수이면, 확률질량함수 $p_X(x)$가 주어진다. 어떤 문제에서는, $E[X]$와 $Var(X)$의 값들을 이용할 때가 있는데, 경우에 따라서, X의 분포가 주어지기보다는, 오직 이 값들이 우리에게 주어진 X에 관한 유일한 정보가 되기도 한다.

예제 5.2.1. 사고로 사망하는 경우 특별보험금을 지급하는 일 년 기간의 생명보험을 생각하자. 명확히 말하여, 사고에 의해서 사망하면 보험금은 50,000이고, 다른 원인으로 사망하면 보험금은 25,000이다. 특정한 개인의 나이나 건강, 직업에 무관하게 그 해에 사고로 사망할 확률을 0.0005라 하고, 사고가 아닌 다른 원인으로 사망할 확률을 0.002라 가정하자.

보험금 X의 기댓값 $E[X]$와 분산 $Var(X)$를 구하여라.

풀이. 보험금 X의 분포, 즉 확률질량함수값이 구체적으로 주어져 있다.

$$X = \begin{cases} 50,000, & \text{확률 } 0.0005, \\ 25,000, & \text{확률 } 0.002, \\ 0, & \text{확률 } 0.9975. \end{cases}$$

X의 기댓값과 분산의 정의에 의하여,

$$E[X] = (50,000)(0.0005) + (25,000)(0.002) + (0)(0.9975) = 75$$

이고

$$\begin{aligned} Var(X) &= E[X^2] - E[X]^2 \\ &= (50,000)^{(}0.0005) + (25,000)^{(}0.002) + (0)^{(}0.9975) - 75^2 \\ &= 2,500,000 - 5625 = 2,494,375. \end{aligned}$$

경우 (II).

손실이 일어날 확률 q가 주어져 있고, 보험금액 X 대신, $F_B(x) = F_{X|I}(x|I = 1)$ 또는 $f_B(x) = f_{X|I}(x|I = 1)$에 의하여 정의된 확률변수 B의 분포 $F_B(x)$ 혹은 확률밀도함수 $f_B(x)$가 주어진 경우를 생각하자. 단,

$$I = \begin{cases} 1, & \text{손실이 일어날 때, 즉, 확률 } q\text{로,} \\ 0, & \text{손실이 일어나지 않을 때, 즉, 확률 } (1-q)\text{로.} \end{cases}$$

이 경우 다음 결과를 얻는다.

$$\begin{aligned} E[X] &= qE[B] \\ Var(X) &= qE[B^2] - (qE[B])^2 = q(1-q)E[B]^2 + qVar(B). \end{aligned} \tag{5.2.1}$$

이들을 증명하기 위하여 조건부기댓값의 성질을 이용한다.

$$E[X|I] = \begin{cases} E[X|I=1], & \text{확률} \ \ P(I=1)\text{로} \\ E[X|I=0], & \text{확률} \ \ P(I=0)\text{로} \end{cases}$$

이므로,

$$E[E[X|I]] = E[X|I=1]P(I=1) + E[X|I=0]P(I=0) \tag{5.2.2}$$

이다. 우변의 첫째항은 다음과 같다.

$$\begin{aligned} & q\int_{-\infty}^{\infty} x f_{X|I}(x|I=1)dx \\ & = q\int_{-\infty}^{\infty} x f_B(x)dx = qE[B]. \end{aligned}$$

만약 손실이 발생하지 않으면, 보험금액은 0, i.e., $X = 0$이다. 이것은 (5.2.2)의 우변의 둘째항이 0임을 의미한다. 그러므로

$$E[X] = E[E[X|I]] = qE[B].$$

이제 (5.2.1)의 두 번째 식을 증명하자. 첫 번째 식의 증명과 같은 계산에 의하여 다음이 성립한다.

$$\begin{aligned} E[E[X^2|I]] &= E[X^2|I=1]P(I=1) + E[X^2|I=0]P(I=0) \\ &= q\int_{-\infty}^{\infty} x^2 f_{X|I}(x|I=1)dx + 0 \\ &= q\int_{-\infty}^{\infty} x^2 f_B(x)dx = qE[B^2]. \end{aligned}$$

그러므로

$$E[X^2] = E[E[X^2|I]] = qE[B^2]$$

이고, 따라서

$$Var(X) = E[X^2] - E[X]^2 = qE[B^2] - q^2E[B]^2.$$

예제 5.2.2. X를 예제 5.2.1에서 서술한 보험금액을 나타내는 확률변수라 하자. 공식 (5.2.1)을 이용하여 $E[X]$와 $Var(X)$를 계산하여라.

풀이. q를 손실이 발생할 확률, 즉, 사망의 확률이라 하고, B를 사망이 발생할 때 보험금액이라 하자. 그러면

$$\begin{aligned} q &= P(I=1) \\ &= P(I=1, X=50,000) + P(I=1, X=25,000) \\ &= 0.0005 + 0.002 = 0.0025. \end{aligned}$$

B의 확률질량함수 $p_B(x)$가, $x = 50,000$와 25,000에 대하여,

$$\begin{aligned} p_B(x) &= p_{X|I}(x|I=1) \\ &= P(X=x|I=1) \\ &= \frac{P(I=1, X=x)}{P(I=1)} \end{aligned}$$

에 의하여 주어지므로,

$$p_B(50,000) = \frac{P(I=1, X=50,000)}{P(I=1)} = \frac{0.0005}{0.0025} = 0.2$$

이고

$$p_B(25,000) = \frac{P(I=1, X=25,000)}{P(I=1)} = \frac{0.002}{0.0025} = 0.8$$

이다. 그러므로 확률변수 B는 다음과 같이 표현된다.

$$B = \begin{cases} 50,000, & \text{확률 } 0.2, \\ 25,000, & \text{확률 } 0.8. \end{cases}$$

따라서

$$E[B] = (50,000)(0.2) + (25,000)(0.8) = 30,000$$

이고

$$Var(B) = (50,000)^2(0.2) + (25,000)^2(0.8) - (30,000)^2 = 10,000^2.$$

공식 (5.2.1)을 이용하면,

$$E[X] = qE[B] = (0.0025)(30,000) = 75$$

이고

$$\begin{aligned} Var(X) &= q(1-q)E[B]^2 + qVar(B) \\ &= (0.0025)(0.9975)(30,000)^2 + (0.0025)(10,000)^2 \\ &= 2244375 + 250,000 = 2,494,375. \end{aligned}$$

예제 5.2.3. ([2]) $q = 0.01$를 화재로 손실이 발생할 확률이라 하고, 화재로 손실이 발생할 때 손실금액 B가 10,000달러에서 50,000달러까지 균등분포를 가진다고 가정한다. 손실금액 X에 대하여, $E[X]$와 $Var(X)$를 구하여라. (B는 손실이 발생하였을 때 손실금액이고, X는 손실의 발생여부와 무관한 손실금액임을 염두에 두어라.)

풀이. $B \sim U(10,000, \quad 50,000)$이므로

$$E[B] = \frac{10,000 + 50,000}{2} = 30,000$$

이고

$$E[B^2] = \frac{(10,000)^2 + (10,000)(50,000) + (50,000)^2}{3} = \frac{3,100,000,000}{3}$$

이다. 공식 (5.2.1)을 이용하면,

$$E[X] = qE[B] = (0.01)(30,000) = 300$$

이고

$$\begin{aligned} Var(X) &= qE[B^2] + (qE[B])^2 \\ &= (0.01)\left(\frac{3,100,000,000}{3}\right) + (0.01)^2(30,000)^2 \\ &= \frac{30,730,000}{3}. \end{aligned}$$

경우 (III).

특정한 보험계약자에게 손실이 발생하는 횟수가 음이 아닌 정수값을 가지는 확률변수 N가 주어지고 손실 당 보험금을 확률변수 B가 주어진 경우를 생각하

자. 이 경우 총손실금액 X는, $N=0$이면 $X=0$이고, $N\neq 0$이면

$$X = B_1 + B_2 + \cdots + B_N$$

에 의해 주어진다. 단, B_k들은 서로 독립이며 B와 분포가 같은 확률변수들이다. 이러한 조건 아래에서 다음 결과가 성립한다(정리 4.1.7을 보라).

$$\begin{aligned} E[X] &= E[N]E[B] \\ Var(X) &= Var(N)E[B]^2 + E[N]Var(B). \end{aligned} \tag{5.2.3}$$

경우 (II)는, 경우 (III)에서 N이 0과 1의 값만 가지는 확률변수로서 $E[N] = 0\cdot(1-q)+1\cdot q = q$이 되는, 특별한 경우이다.

예제 5.2.4. ([2]) 특정한 1년 동안 어떤 자동차보험계약을 위하여, 그 해 동안 발생하는 자동차 사고의 횟수 N은 모수 $p=0.9$인 기하분포를 따르고, 자동차 사고가 일어날 때 손해보험금 B는 구간 $(0, 10000)$에서 균등분포를 따른다고 가정한다. X를 특정한 보험계약자의 총보험금액이라 할 때, $E[X]$와 $Var(X)$를 구하여라.

풀이. $N \sim G(0.9)$, 즉, $p_N(k) = (1-0.9)^k(0.9)$이므로,

$$E[N] = \frac{1-0.9}{0.9} = \frac{1}{9}$$

이고

$$Var(N) = \frac{1-0.9}{0.9^2} = \frac{10}{81}$$

이다. 그리고 $B \sim U(0, \ 10,000)$이므로,

$$E[B] = \frac{0+10,000}{2} = 5,000$$

이고

$$Var(B) = \frac{(10,000-0)^2}{12} = 8,333,333$$

이다. 공식 (5.2.3)을 이용하면,

$$E[X] = E[N]E[B] = \frac{1}{9}\times 5,000 = 556$$

이고

$$\begin{aligned} Var(X) &= Var(N)E[B]^2 + E[N]Var(B) \\ &= \frac{10}{81} \times 5,000^2 + \frac{1}{9} \times 8,333,333 \\ &= 4,012,346. \end{aligned}$$

제 5.3 절 보험금 총액 모델

어떤 기간 동안 보험계약자 집단에게 지불해야 하는 보험금 총액을 모델링하는 두 가지의 방법이 있다. 이들은 개별적 위험 모델과 집단적 위험 모델이다.

개별적 위험 모델(individual risk model)은 보험계약자의 수 n과 1기간 동안 각 k번째 보험계약자가 청구하는 보험금 X_k가 주어지는 모델이다. 여기서 X_k는 제 5.2절에서 기술되는 방법들 중 어느 하나의 모델로 주어지는 확률변수이다. 특별한 언급이 없으면, X_k들은 독립이라고 가정한다. 보험금 총액은 다음과 같이 주어지는 확률변수이다.

$$S = X_1 + X_2 + \cdots + X_n.$$

만약 임의의 $k = 1, 2, \cdots, n$에 대하여, $E[X_k] = \mu$이고 $Var(X_k) = \sigma^2$이면, 보험금 총액의 기댓값과 분산은 다음과 같이 주어진다.

$$E[S] = \sum_{k=1}^{n} E[X_k] = n\mu \quad \text{그리고} \quad Var(S) = \sum_{k=1}^{n} Var(X_k) = n\sigma^2.$$

예제 5.3.1. ([2]) 어느 보험회사가 독립적인 1000명의 개개인에게 계약한 1000건의 생명보험계약서 자료를 가지고 있다. 그 해 동안 보험계약자가 사망하면 1000달러의 보험금을 지불한다. 보험계약자 중 500명은 각 개인이 사망할 확률이 0.01이고, 나머지 500명은 각 개인이 사망할 확률이 0.02이다.
보험회사가 지불해야 하는 보험금 총액의 기댓값과 분산을 구하여라.

풀이. S를 보험회사가 지불해야 하는 보험금 총액이라 하자. 그리고 Class I를 사망률이 0.01인 보험계약자 500명의 집단이라 하고 Class II를 사망률이 0.02인 나머지 보험계약자 500명의 집단이라 하자. 그러면

$$\begin{aligned} S &= \sum_{i=1}^{1,000} X_i \\ &= \sum_{\text{Class I}}^{500} X_i + \sum_{\text{Class II}}^{500} X_i, \end{aligned}$$

$$E[S] = \sum_{\text{Class I}}^{500} E[X_i] + \sum_{\text{Class II}}^{500} E[X_i]$$

이고

$$Var(S) = \sum_{\text{Class I}}^{500} Var(X_i) + \sum_{\text{Class II}}^{500} Var(X_i).$$

임의의 $i = 1, 2, \cdots$에 대하여, 만약 X_i를 Class I에 속하는 i번째 계약자에 의해 청구된 보험금이라 하면, 다음과 같이 표현된다.

$$X_i = \begin{cases} 0, & \text{w.p.} \quad 0.99 \\ 1,000, & \text{w.p.} \quad 0.01. \end{cases}$$

그러므로

$$E[X_i] = (0)(0.99) + (1,000)(0.01) = 10$$

이고

$$Var(X_i) = (0)^2(0.99) + (1,000)^2(0.01) - 10^2 = 9,900.$$

똑 같은 계산에 의하여, 임의의 $i = 1, 2, \cdots$에 대하여, 만약 X_i를 Class II에 속하는 i번째 계약자에 의해 청구된 보험금이라 하면, $E[X_i] = 20$이고 $Var(X_i) = 19,600$임을 알 수 있다. 그러므로

$$\begin{aligned} E[S] &= \sum_{\text{Class I}}^{500} E[X_i] + \sum_{\text{Class II}}^{500} E[X_i] \\ &= \sum_{\text{Class I}}^{500} 10 + \sum_{\text{Class II}}^{500} 20 \\ &= 500 \times 10 + 500 \times 20 = 15,000 \end{aligned}$$

이고

$$\begin{aligned} Var(S) &= \sum_{\text{Class I}}^{500} Var(X_i) + \sum_{\text{Class II}}^{500} Var(X_i) \\ &= \sum_{\text{Class I}}^{500} 9,900 + \sum_{\text{Class II}}^{500} 19,600 \\ &= 500 \times 9,900 + 500 \times 19,600 = 14,750,000. \end{aligned}$$

별도의 방법으로, 우리는 $E[X_i]$와 $Var(X_i)$를 구할 수 있다. Class I에 속하는 임의의 i번째 계약자에 대하여, $q_i = 0.01$이고 $B_i = 1,000$이므로, 공식 (5.2.1)에 의하여

$$E[X_i] = q_i E[B_i] = 0.01 \times 1,000 = 10$$

이고

$$\begin{aligned} Var(X_i) &= q_i E[B_i^2] - (q_i E[B_i])^2 \\ &= 0.01 \times 1,000^2 - (0.01 \times 1,000)^2 = 9,900 \end{aligned}$$

이다. 똑 같은 계산에 의하여, Class I에 속하는 임의의 i번째 계약자에 대하여, $E[X_i] = 20$와 $Var(X_i) = 19,600$를 얻을 수 있다.

집단적 위험 모델(collective risk model)은 1기간 동안 보험계약자의 집단이 신청하는 보험금 청구 횟수를 나타내는 음이 아닌 정수값을 가지는 확률변수 N과 i번째 보험금 Y_i가 주어진 모델이다. 이 모델에서 보험금 총액 S는, 만약 $N = 0$이면 $S = 0$이고, 만약 $N > 0$이면 다음과 같이 주어진다.

$$S = Y_1 + Y_2 + \cdots + Y_N.$$

단, Y_i는 i번째 보험금이고, Y_i들은 독립이고 어떤 확률변수 Y와 분포가 동일한 확률변수들이다. 그러면 정리 4.1.7에 의하여, 다음 공식이 성립한다.

$$\begin{aligned} E[S] &= E[N]E[Y] \\ Var(S) &= Var(N)E[Y]^2 + E[N]Var(Y). \end{aligned} \tag{5.3.1}$$

여기서 N의 분포를 **빈도분포**(frequency distribution)라 부르고 Y의 분포를 **대표분포**(severity distribution)라 부른다.

예제 5.3.2. 보험계약기간 동안 보험금 청구 횟수 N이 모수 $p = 0.9$인 기하분포를 따르고 보험금액 Y가 구간 $(0, 10000)$에서 균등분포를 따른다고 가정하자. S를 보험금 총액이라 할 때, $E[S]$와 $Var(S)$를 구하여라.

풀이. 이 예제의 상황은 예제 5.2.4의 상황과 수학적으로 동일하다. 예제 5.2.4에서, N은 개인이 보험금을 청구한 횟수이었고 B는 Y와 분포가 같은 확률변수로서 사고가 발생하였을 때 지불해야 하는 보험금액이었다. 그러므로 $E[S] = 556$이고 $Var(S) = 4,012,346$이다.

보험금 총액을 나타내는 확률변수 S는 많은 수의 독립적인 보험계약자들의 손실을 나타내는 확률변수들의 합으로 정의되므로, 중심극한정리에 의하여, 근사적으로 $S \sim N(E[S], Var(S))$이다. 그러므로 예를 들어, $P(S \leq Q) = 0.95$를 만족하는 Q를 구할 수 있다. 실제로,

$$0.95 = P(S \leq Q) = P\left(\frac{S - E[S]}{\sqrt{Var(S)}} \leq \frac{Q - E[S]}{\sqrt{Var(S)}}\right)$$

에서, 표준정규분포표를 이용하면, $(Q - E[S])/\sqrt{Var(S)} = 1.645$이고, 따라서 $Q = E[S] + 1.645\sqrt{Var(S)}$. 금액 Q를 보험회사가 보험계약자들로부터 받아야 하는 **보험료의 합계**(total premium)라 부른다.

보험금 총액 S에 대하여, 보험료의 합계 Q는 때때로 다음과 같은 형태로 정의한다.

$$Q = (1 + \theta)E[S].$$

여기서 상수 θ를 보험료에 포함된 **상대적 안전 부가율**이라 부른다. 그러므로 보험료 합계는 보험금 총액의 기댓값 $E[S]$와 보험금 총액의 기댓값에 부가율을 곱한 값 $\theta \cdot E[S]$의 합으로 나타난다고 말할 수 있다.

예제 5.3.3. ([1]) 어느 생명보험회사가 사망률이 0.02 혹은 0.10인 사람들에게 사망시에 1단위와 2단위의 보험금을 지불하는 1년짜리 생명보험상품을 팔고 있다. 다음 표는 네 부류 중 각 $k = 1, 2, 3, 4$에 대하여, k번째 부류에 속한 계약자의 수

n_k, 그리고 이 부류에 속한 사람의 사망률 q_k와 사망보험금 B_k를 나나낸 것이다.

k번째 부류	k번째 부류에 속한 계약자의 수 (n_k)	k번째 부류에 속한 계약자의 사망률 (q_k)	k번째 부류에 속한 계약자의 사망보험금 (B_k)
1	500	0.02	1
2	500	0.02	2
3	300	0.10	1
4	500	0.10	2

이 보험회사는 1,800명의 보험계약자들로부터 거두어 들이는 보험료의 합계를 보험금 총액의 분포의 95퍼센트 점이 되도록 정하기를 원한다.

상대적 안전 부가율 θ의 값을 계산하여라.

풀이. $S = X_1 + X_2 + \cdots + X_{1800}$라 할 때, 다음 등식

$$P(S \leq (1+\theta)E[S]) = 0.95$$

를 만족하는 θ를 구하면 된다. 이 등식은 다음과 동일하다.

$$P\left(\frac{S - E[S]}{\sqrt{Var(S)}} \leq \frac{\theta E[S]}{\sqrt{Var(S)}}\right) = 0.95$$

중심극한정리와 표준정규분포표에 의하여, 다음 값을 얻을 수 있다.

$$\frac{\theta E[S]}{\sqrt{Var(S)}} = 1.645.$$

이 식에서 θ를 구하기 위하여 S의 기댓값과 분산을 구하기만 하면 된다. k번째 부류에 속하는 계약자 중 j번째 계약자에 대하여, $B_j = b_k =$ 상수(1 또는 2)이므로, $E[B_j] = b_k$이고 $Var(B_j) = 0$이다. 그러므로 k번째 부류에 속하는 계약자 중 j번째 계약자에 대하여, 다음과 같이 보험금의 기댓값과 분산이 주어진다.

$$E[X_j] = q_k E[B_j] = q_k b_k$$

그리고

$$Var(X_j) = g_k(1-q_k)E[B_j]^2 + q_k Var(B_j) = g_k(1-q_k)b_k^2.$$

이들 공식을 적용하여 각 부류별로 나타내면 다음 표와 같이 된다.

k	n_k	q_k	$B_k = b_k$	$E[X_k]$	$Var(X_k)$
1	500	0.02	1	0.02	0.0196
2	500	0.02	2	0.04	0.0784
3	300	0.10	1	0.10	0.0900
4	500	0.10	2	0.20	0.3600

따라서

$$E[S] = \sum_{j=1}^{1800} E[X_j] = \sum_{k=1}^{4} n_k E[X_k] = 160$$

이고

$$Var(S) = \sum_{j=1}^{1800} Var(X_j) = \sum_{k=1}^{4} n_k Var(X_k) = 256 = 16^2$$

이다. 그러므로 구하는 상대적 안전 부가율은 다음과 같다.

$$\theta = 1.645 \frac{\sqrt{Var(S)}}{E[S]} = 1.645 \frac{16}{160} = 0.1645.$$

예제 5.3.4. ([1]) 어떤 자동차 보험회사의 보험고객은 아래의 표와 같이 두 개의 부류로 나누어 진다.

k번째 부류	k번째 부류에 속한 계약자의 수 n_k	k번째 부류에 속한 계약자의 사고율 q_k	사고가 발생할 때 보험금의 분포 $B_k \sim TE(\lambda_k, L_k)$ λ_k	L_k
1	500	0.10	1	2.5
2	2,000	0.05	2	5.0

보험금의 합계가 보험고객들로부터 납부받은 보험료의 합계를 초과할 확률이 0.05이다. 두 부류에 대하여 상대적 안전 부가율 θ은 동일하게 적용한다고 가정한다. θ를 구하여라.

풀이. 이 예제는 바로 위의 예제와 별 차이가 없다. 단지 이들의 차이는 손실이 발생했을 때 보험금액이 상수가 아니고 확률변수라는 사실이다. 참고 2.4.22에

의하여, 만약 $B \sim TE(\lambda, L)$이면,

$$E[B] = \frac{1 - e^{-\lambda L}}{\lambda}$$

이고

$$Var(B) = \frac{1 - 2\lambda L e^{-\lambda L} - e^{-2\lambda L}}{\lambda^2}.$$

주어진 모수의 값들을 사용하고 등식 (5.2.1)에 있는 공식을 적용하면, 다음과 같은 결과를 얻는다.

k	n_k	q_k	$E[B_k]$	$Var(B_k)$	$E[X_k]$	$Var(X_k)$
1	500	0.10	0.9179	0.5828	0.09179	0.13411
2	2,000	0.05	0.2498	0.2498	0.02500	0.02436

따라서 보험금 총액 S는 기댓값

$$E[S] = \sum_{j=1}^{2500} E[X_j] = \sum_{k=1}^{2} n_k E[X_k]$$
$$= 500(0.09179) + 2,000(0.02500) = 95.89$$

와 분산

$$Var(S) = \sum_{j=1}^{2500} Var(X_j) = \sum_{k=1}^{2} n_k Var(X_k)$$
$$= 500(0.13411) + 2,000(0.02436) = 115.78$$

를 가진다. 예제 5.3.3에서와 같이 상대적 안전 부가율 θ에 관한 다음과 같은 평가식을 이용하자.

$$P(S \leq (1+\theta)E[S]) = 1 - 0.05 = 0.95.$$

또 다시 정규근사를 이용하면

$$\frac{\theta E[S]}{\sqrt{Var(S)}} = 1.645$$

이고, 따라서 다음 값을 얻는다.

$$\theta = \frac{1.645\sqrt{115.78}}{95.89} = 0.1846.$$

제 5.4 절 손실에 대한 보상범위의 조절

보험회사가 보험고객에게 발생한 손실금액의 전부가 아닌 일부분만 보상하도록 계약할 수 있다. 지금 X를 보험고객에게 발생한 손실금액을 나타내는 확률변수라 하자. X는 **기본손실**(ground-up loss)로 알려져 있다. 기본손실 X에 대하여, 공제금액 초과분 손해보험, 보험한도액 그리고 비례특약보험 등과 같이 일부분만 보상하는 표준 형태의 보험모델이 있다.

공제금액 초과분 손해보험(excess-of-loss insurance)은 **보험공제금액**(deductible amount) d를 조건으로 명기한다. 이 경우, 만약 손실 X가 발생하면, 보험회사가 보상하는 금액은

$$Y_l = \begin{cases} 0, & X \le d \text{ 일 때}, \\ X - d, & X > d \text{ 일 때} \end{cases}$$

이다. 여기서 Y_l은 **손실발생건당 보험금**(amount paid per loss)이고 $Y_c = (X - d)|_{X>d}$는 **보험금 청구건당 보험금**(amount paid per claim) 즉, 보험금 지불건당 보험금이다.

참고 5.4.1. 분명히 발생한 손실금액 X는 다음과 같이 표현된다.

$$X = Y_l + Y_r.$$

단 Y_l는 보험회사가 지불해야하는 보험금이고

$$Y_r = \begin{cases} X, & X \le d \text{ 일 때}, \\ d, & X > d \text{ 일 때} \end{cases}$$

이다. 이 경우 Y_r는 보상받지 못하고 고객이 그대로 보유하는 **보유손실**(retained loss)이라 불리는데, 이 금액은 보험회사가 지불하지 않는다.

참고 5.4.2. 청구된 보험금 총액 S에 대하여, **공제금액 지정 손해보험**(stop-loss insurance)은 보험공제금액 d를 조건으로 명기한다. 이 경우 보험회사가 지불해

야 하는 보험금은 다음과 같이 다음과 같다.

$$Y_l = \begin{cases} 0, & S \leq d \text{ 일 때}, \\ S - d, & S > d \text{ 일 때}. \end{cases}$$

공제금액 지정 손해보험은 공제금액 초과분 손해보험과 수학적으로 똑같다. 다만 공제금액 지정 손해보험은 집단에 의해 청구된 보험금 총액에 적용하고, 공제금액 초과분 손해보험은 개인에 의해 청구된 보험금에 적용한다.

두 종류 형태의 공제금이 있다. 첫째로, **면책공제금**(franchise deductible) d가 손실 X에 적용된다는 뜻은 손실당 보험회사가 지불해야 하는 보험금은 다음과 같다는 의미이다.

$$Y_l = \begin{cases} 0, & X \leq d \text{ 일 때}, \\ X, & X > d \text{ 일 때}. \end{cases}$$

둘째로, 만약 하한 d_1과 상한 d_2인 **소멸공제금**(disappearing deductible)이 손실 X에 적용된다는 뜻은 손실당 보험회사가 지불해야 하는 보험금은 다음과 같다는 의미이다.

$$Y_l = \begin{cases} 0, & X \leq d_1 \text{ 일 때}, \\ d_2(X - d_1)/(d_2 - d_1), & d_1 < X \leq d_2 \text{ 일 때}, \\ X, & X > d_2 \text{ 일 때}. \end{cases}$$

손실 X에 **보험금 한도**(policy limit) u를 적용한다는 뜻은 지불하는 보험금의 최대값이 u라는 의미이다. 이 경우, 보험회사가 지불해야 하는 손실발생/보험금 청구건당 보험금 $Y_l = Y_c$는 다음과 같다.

$$Y_l = \min\{X, u\} = \begin{cases} X, & X \leq u \text{ 일 때}, \\ u, & X > u \text{ 일 때}. \end{cases}$$

이 경우, 만약 임의의 $x \leq a$에 대하여 $f_X(x) = 0$이면, 다음식이 성립한다.

$$\begin{aligned} E[Y_l] &= \int_a^u x f_X(x)dx + u(1 - F_X(u)) \\ &= a + \int_a^u (1 - F_X(x))dx. \end{aligned} \tag{5.4.1}$$

실제로 증명해 보자. Y_l의 정의에 의하여, Y_l는 영역 $\{X \leq u\}$에서 X의 확률밀도 함수를 가지고 $\{X > u\} = \{Y_l = u\}$에서 확률질량함수를 가진다. 그러므로

$$\begin{aligned} E[Y_l] &= \int_a^u x f_X(x)dx + uP(Y_l = u) \\ &= \int_a^u x f_X(x)dx + uP(X > u) \\ &= \int_a^u x f_X(x)dx + u(1 - F_X(u)). \end{aligned}$$

여기서 우변은 다음과 같다.

$$\begin{aligned} &\int_a^u xF'_X(x)dx + u - uF_X(u) \\ &= [xF_X(x)]_a^u - \int_a^u F_X(x)dx + \int_a^u 1dx + a - uF_X(u) \\ &= a + \int_a^u (1 - F_X(x))dx. \end{aligned}$$

마지막 등식은 $F_X(a) = 0$라는 사실에 의하여 성립한다.

공제금액 초과분 손해보험을 보험금 한도와 결합하여 적용할 수 있다. 만약 보험공제금액 d와 보험금 한도 u를 손실 X에 적용하면, 보험회사가 보상해야 하는 보험금은 다음과 같이 된다.

$$Y_l = \begin{cases} 0, & X \leq d \text{ 일 때}, \\ X - d, & d < X \leq u \text{ 일 때}, \\ u - d, & X > u \text{ 일 때}. \end{cases}$$

이 경우, 바로 위의 경우와 같은 방법에 의하여, 다음 공식을 얻을 수 있다.

$$\begin{aligned} E[Y_l] &= \int_d^u (x - d)f_X(x)dx + (u - d)(1 - F_X(u)) \\ &= \int_d^u (1 - F_X(x))dx. \end{aligned}$$

보험금 상한(insurance cap) m은 손실이 발생한 보험고객에게 지불해야 하는 보험금의 최고 한도 금액이다. 보험금 한도 u가 손실 X에 적용되는 경우, 다음 식이 성립한다.

$$m = \begin{cases} u, & \text{보험공제금을 적용하지 않을 때}, \\ u - d, & \text{보험공제금 } d\text{를 적용할 때}. \end{cases}$$

비례특약보험(proportional insurance)은 비례상수 α를 조건으로 명기한다. 단, $0 < \alpha < 1$이다. 이 경우, 만약 X가 발생하면, 보험회사는 보험계약자에게 보험금 αX를 지불한다. 즉, $Y_l = Y_c = \alpha X$.

제 5.5 절 재보험

보험회사가 보험고객들이 청구한 보험금을 완전하게 보상할 수 없을 때, **양도보험회사**(ceding insurer)라 불리는, 이 보험회사는 **재보험회사**(reinsurer)로부터 재보험계약을 한다. 양도보험회사가 보상하는 보험금은 양도보험회사 고객을 위해 보유해야 하므로 **보유보험금**(retained claims)이라 부르고 재보험회사가 보상하는 보험금을 **재보험금**(reinsured claim) 혹은 양도보험회사가 양도한 **양도보험금**(ceded claim)이라 부른다.

공제금액 지정 손해재보험(stop-loss reinsurance)는 보험공제금액 d를 조건으로 명기한다. 만약 보험금 총액 S가 d보다 작으면, 재보험회사는 아무 것도 지불하지 않고 양도보험회사가 보험고객에게 보유보험금 S를 지불한다. 그러나 만약 $S > d$이면, 재보험회사는 양도보험금 $S - d$를 지불하고 양도보험회사는 보유보험금 d를 지불한다. 그러므로 다음 식이 성립한다.

$$\begin{aligned} S &= (S_r : \text{보유보험금}) &&+ \quad (S_c : \text{양도보험금}) \\ &= \min(S, d) &&+ \quad (S - d)_+ \end{aligned}$$

재보험금 상한(reinsurance cap) m은 재보험회사가 지불해야 하는 보험금의 최고 금액이다. 이것은 공제금액 d로 지정한 손해재보험과 결합하여 설정되기도 한다. 이 경우 재보험회사가 지불해야 하는 양도보험금 S_c는 다음과 같이 주어진다.

$$S_c = \begin{cases} 0, & S \le d \\ S - d, & d < S \le d + m \\ m, & S > d + m. \end{cases}$$

비례특약재보험(proportional reinsurance)은 비례상수 α를 조건으로 명기한다. 단, $0 < \alpha < 1$이다. 만약 보험금 총액이 S이면, 재보험회사는 αS를 지불하고 양도보험회사는 $(1-\alpha)S$를 지불한다. 즉,

$$S = S_r + S_c = \alpha S + (1-\alpha)S.$$

예제 5.5.1. ([2]) 어느 생명보험회사에 서로 독립인 16,000명의 고객이 일 년짜리 생명보험을 계약한다:

부류	보험금액	계약인원	보험청구율
1	1	8000	0.025
2	2	3500	0.025
3	4	4500	0.025

이 보험회사의 각 고객 당 보유보험금 한도는 2단위이다. 각 단위 당 재보험 비용은 0.03이다. 이 양도보험회사는 고객들로부터 $Q = E[S_r] + 2\sqrt{Var(S_r)} + R$에 의해 보험료를 납부받는다. 단, S_r은 보유보험금이고 R은 재보험 비용이다. 이 때 Q를 구하여라.

풀이. 양도보험회사는 부류 1과 부류 2에 속하는 모든 계약자로부터 청구되는 보험금의 전액과 부류 3에 속하는 계약자로부터 청구되는 보험금의 처음 2단위를 감당할 수 있다. 그래서 양도보험회사는 보험금이 4단위인 부류 3의 4,500명의 고객의 보험금 중 2단위를 재보험에 들어야 한다. 즉, $4,500 \times 2$=9,000단위를 재보험에 들어야 한다. 이 때 재보험에 가입에 필요한 경비는 $R = 0.03 \times 9,000 = 270$이다.

이제 식 $Q = E[S_r] + 2\sqrt{Var(S_r)} + R$에 의하여 Q를 계산하기 위하여 S_r을 구하는 일이 남았다. 부류 k에 속하는 임의의 j번째 고객에 대하여, $B_j = b_k =$ 상수 1 또는 2이므로, $E[B_j] = b_k$이고 $Var(B_j) = 0$이다. 따라서 부류 k에 속하는 임의의 j번째 고객에 대하여, 다음 결과를 얻을 수 있다.

$$E[X_j] = q_k E[B_j] = q_k b_k$$

그리고

$$Var(X_j) = g_k(1-q_k)E[B_j]^2 + q_k Var(B_j) = g_k(1-q_k)b_k^2.$$

이들 식을 세 부류의 고객들에게 적용하면 다음과 같은 표를 얻을 수 있다.

k	n_k	q_k	$B_k = b_k$	$E[X_k]$	$Var(X_k)$
1	8000	0.025	1	0.025	0.024375
2	3500	0.025	2	0.050	0.097500
3	4500	0.025	2	0.050	0.097500

그러면

$$\begin{aligned} E[S_r] &= \sum_{j=1}^{16,000} E[X_j] = \sum_{k=1}^{3} n_k E[X_k] \\ &= (8000)(0.025) + (3500)(0.050) + (4500)(0.050) \\ &= 600 \end{aligned}$$

이고

$$\begin{aligned} Var(S_r) &= \sum_{j=1}^{16,000} Var(X_j) = \sum_{k=1}^{3} n_k Var(X_k) \\ &= (8000)(0.024375) + (3500)(0.097500) + (4500)(0.097500) \\ &= 975. \end{aligned}$$

결국 이 양도보험회사가 고객들로부터 납부받아야 하는 보험료의 합은 다음과 같다.

$$\begin{aligned} Q &= E[S_r] + 2\sqrt{Var(S_r)} + R \\ &= 600 + 2\sqrt{975} + 270 \\ &= 932.45. \end{aligned}$$

제 II 편

SOA/CAS Exam P/1 을 위한 샘플문제와 모범풀이

제 II편의 서두

제 II편에서는 월드 와이드 웹에 있는 미국보험계리사협회(SOA)의 홈사이트

http://www.soa.org

에 공개된 **'SOA/CAS Exam P'를 위한 샘플문제**의 대부분인 106문제를 소개한다([4]를 보라). 여기서 이 문제들을 주제별로 분류하고 원래보다 더 쉬운 풀이과정을 두었다. 그리고 복잡한 응용문제라 할지라도 풀이과정에 다음과 같이

- 주어진 문제의 수학적 의미,
- 주어진 가정의 수학적 표현,
- 문제를 풀기 위한 도구,
- 자세한 계산

을 포함하여서 문제의 의미를 보다 용이하게 파악할 수 있도록 하고 풀이과정 자체를 쉽게 이해할 수 있도록 하였다.

저자는 'SOA/CAS Exam P Sample Questions' 중 106개의 문제를 본 저서에 인용할 수 있도록 허가한 미국보험계리사협회/미국손해보험계리사의 출판 관계자에게 감사를 드린다.

제 1 장

확률의 기본개념

제 1.1 절 표본공간과 사건

문제 1.1.1([4], No. 5). 어떤 자동차 보험회사는 10,000명의 고객을 확보하고 있다. 각 고객은 다음과 같이 분류된다고 한다.

(i) 젊은이 혹은 늙은이,

(ii) 남성 혹은 여성,

(iii) 기혼자 혹은 미혼자.

전체 고객 중 3,000명은 젊은이이고 4,600명은 남성, 7,000명은 기혼자이다. 고객들의 1,320명은 젊은 남성이고, 3,100명은 기혼의 남성, 1,400명은 젊은 기혼자이다. 끝으로, 600명은 젊은 기혼의 남성이다.

이 회사의 고객 중 몇 명이 젊은 미혼의 여성인가?

[풀이]. 다음과 같이 Y, O, M, F, S를 정의하자.

$$Y = \{\text{젊은 고객의 전체}\},$$

$$O = \{\text{늙은 고객의 전체}\},$$

$$M = \{\text{남성 고객의 전체}\},$$

$$F = \{\text{여성 고객의 전체}\},$$

$$S = \{\text{미혼 고객의 전체}\},$$

$$S^c = \{\text{기혼 고객의 전체}\}.$$

그리고 $N(C)$ 부류 C에 속하는 고객의 수라고 하자. 이 문제는 $N(Y\cap F\cap S)$를 구하는 것이다. 이 문제를 풀기 위하여, 다음 공식를 이용한다.

$$N(A\cap B) = N(A) - N(A\cap B^c)$$

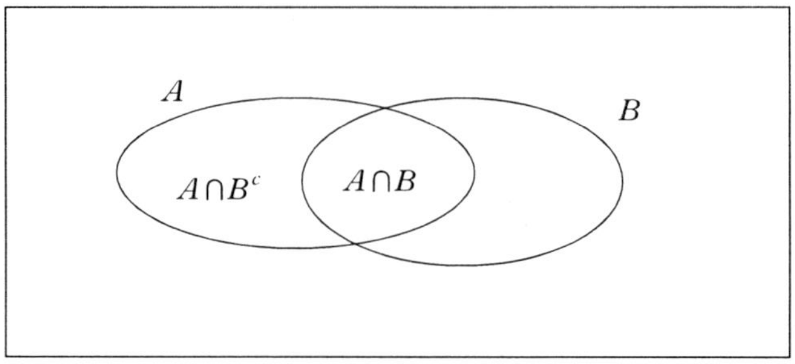

$$\begin{aligned} N(Y\cap F\cap S) &= N(Y\cap F) - N(Y\cap F\cap S^c) \\ &= N(Y) - N(Y\cap M) - \{N(Y\cap S^c) - N(Y\cap S^c\cap M)\} \\ &= 3,000 - 1,320 - (1,400 - 600) \\ &= 880. \end{aligned}$$

제 1.2 절 확률의 정의

문제 1.2.1([4], No. 1). 지난 한 해 동안 어떤 그룹에 속한 사람들의 취미를 조사한 보고서에 의하면, 다음과 같은 데이타를 보여주고 있다.

(i) 28%는 체조경기를 관람한다.

(ii) 29%는 야구경기를 관람한다.

(iii) 19%는 축구경기를 관람한다.

(iv) 14%는 체조와 야구를 관람한다.

(v) 12%는 야구와 축구를 관람한다.

(vi) 10%는 체조와 축구를 관람한다.

(vii) 8%는 세 종류 전부의 경기를 관람한다.

지난 한 해 동안 어느 종류의 경기도 관람하지 않은 사람들은 그룹 전체 인원의 몇 퍼센트인가?

[풀이]. 지금 G를 지난 해 동안 체조를 관람할 사건이라 하고, B를 야구를 관람할 사건, S를 축구를 관람할 사건이라 하자. 문제는 $100 \times P(G^c \cap B^c \cap S^c)$를 계산하는 것이다. 문제에서 주어진 조건은 다음과 같다.

$$\begin{aligned}
&P(G) = 0.28, \quad P(B) = 0.29, \quad P(S) = 0.19, \\
&P(G \cap B) = 0.14, \\
&P(B \cap S) = 0.12, \\
&P(S \cap G) = 0.10, \\
&P(G \cap B \cap S) = 0.08
\end{aligned}$$

이 문제를 풀기 위하여, 참고 1.2.5를 이용하자.

$$\begin{aligned}
P(G^c \cap B^c \cap S^c) &= P((G \cup B \cup S)^c) \\
&= 1 - P(G \cup B \cup S) \\
&= 1 - \{P(G) + P(B) + P(S) \\
&\qquad - P(G \cap B) - P(B \cap S) - P(S \cap G) \\
&\qquad + P(G \cap B \cap S)\} \\
&= 1 - (0.28 + 0.29 + 0.19 - 0.14 - 0.12 - 0.10 + 0.08) \\
&= 1 - 0.48 \\
&= 0.52.
\end{aligned}$$

따라서 정답은 52%이다.

문제 1.2.2([4], No. 3). 두 조건 $P(A \cup B) = 0.7$과 $P(A \cup B^c) = 0.9$가 성립할 때, $P(A)$를 계산하여라.

[풀이]. 이 문제를 풀기 위하여 정리 1.2.4를 이용한다.

$$\begin{aligned} P(A) &= P(A \cap B) + P(A \cap B^c) \\ &= P(A) + P(B) - P(A \cup B) + P(A) + P(B^c) - P(A \cup B^c) \\ &= 2P(A) + 1 - 0.7 - 0.9 \\ &= 2P(A) - 0.6 \end{aligned}$$

이고 따라서 $P(A) = 0.6$이다.

문제 1.2.3([4], No. 8). 어깨의 부상으로부터 회복하고 있는 환자들의 그룹에서, 22%의 환자는 치료를 위하여 물리치료사와 척추교정지압전문가를 방문하고, 12%의 환자는 어느 쪽도 방문하지 않는다. 환자가 척추교정지압전문가를 방문할 확률은 물리치료사를 방문할 확률을 0.14 만큼 초과한다.

이 그룹에서 랜덤하게 선택한 환자가 물리치료사를 방문할 확률을 구하여라.

[풀이]. C를 환자가 척추교정지압전문가를 방문할 사건이라 하고, T를 물리치료사를 방문할 사건이라 하자. 문제는 $P(T)$를 계산하는 것이다. 다음과 같은 조건이 주어져 있다.

$$\begin{aligned} &P(C \cap T) = 0.22, \\ &P(C^c \cap T^c) = 0.12, \\ &P(C) = P(T) + 0.14. \end{aligned}$$

정리 1.2.4에 의하여,

$$\begin{aligned} P(C \cup T) &= P(C) + P(T) - P(C \cap T) \\ &= P(T) + 0.14 + P(T) - 0.22 \\ &= 2P(T) - 0.08 \end{aligned}$$

이다. 한편,

$$\begin{aligned} P(C \cup T) &= 1 - P((C \cup T)^c) \\ &= 1 - P(C^c \cap T^c) \\ &= 1 - 0.12 \\ &= 0.88 \end{aligned}$$

이다. 그러므로

$$2P(T) - 0.08 = 0.88$$

이고, 결국 $P(T) = 0.48$을 얻는다.

제 1.3 절 순열과 조합

* 제 1.3절에는 샘플문제가 없음

제 1.4 절 조건부확률과 독립성

문제 1.4.1([4], No. 4). 첫 번째의 주머니 속의 10개의 공 중 4개는 붉은 공이고 6개는 푸른 공이다. 두 번째의 주머니 속에는 16개의 붉은 공과 몇 개인지 알 수 없는 푸른 공이 들어 있다. 각 주머니에서 한 개씩의 공을 끄집어 낸다. 끄집어 낸 두 개의 공이 같은 색일 확률이 0.44이다.

두 번째 주머니 속의 푸른 공의 갯수를 계산하여라.

[풀이]. $i = 1, 2$에 대하여, R_i를 i번째 주머니에서 붉은 공이 나올 사건, B_i를 i번째 주머니에서 푸른 공이 나올 사건이라 하자. 문제는 두 번째 주머니 속의 푸른 공의 수 x를 구하는 것이다. 질문의 조건으로부터, 다음 식이 성립한다.

$$\begin{aligned} 0.44 &= P\left((R_1 \cap R_2) \cup (B_1 \cap B_2)\right) \\ &= P(R_1 \cap R_2) + P(B_1 \cap B_2) \\ &= P(R_1)P(R_2) + P(B_1)P(B_2) \\ &= \left(\frac{4}{10}\right)\left(\frac{16}{16+x}\right) + \left(\frac{6}{10}\right)\left(\frac{x}{16+x}\right). \end{aligned}$$

그러므로

$$44(16+x) = 40 \times 16 + 60x$$

이고, 따라서 $x = 4$이다.

문제 1.4.2([4], No. 6). 어떤 공중보건 연구자가 1999년도에 사망한 937명의 남자들의 의료기록을 조사한 바에 따르면, 이들 중 210명은 심장질환에 관련한 원인으로 사망하였다. 더욱이, 937명 중 312명은 그들의 부모 중 적어도 한 명이 심장질환을 앓았으며, 이들 312명 중 102명은 심장질환에 관련한 원인으로 사망하였다.

지금 937명의 그룹에서 랜덤하게 한 명을 선택하였는데, 이 사람의 부모 중 누구도 심장질환을 앓은 적이 없었다. 이 사람이 심장질환에 관련한 원인으로 사망하였을 확률을 구하여라.

[풀이]. H를 심장질환에 관련한 원인으로 사망할 사건, F를 부모 중 어느 한 명이 심장질환을 앓을 사건, 그리고 S를 1999년에 사망한 937명의 남자들의 전체집합이라 하자. 문제는 $P(H|F^c)$를 구하는 것이다. 조건부확률의 정의에 의하여,

$$P(H|F^c) = \frac{P(H \cap F^c)}{P(F^c)}$$

이다. 여기서

$$\begin{aligned} P(F^c) &= 1 - P(F) = 1 - \frac{N(F)}{N(S)} \\ &= 1 - \frac{312}{937} = \frac{625}{937} \end{aligned}$$

이고

$$\begin{aligned} P(H \cap F^c) &= P(H) - P(H \cap F) = \frac{N(H)}{N(S)} - \frac{N(H \cap F)}{N(S)} \\ &= \frac{210}{937} - \frac{102}{937} = \frac{108}{937} \end{aligned}$$

이다. 그러므로

$$P(H|F^c) = \frac{108/937}{625/937} = \frac{108}{625} = 0.173.$$

문제 1.4.3([4], No. 7). 한 보험회사는 자동차보험만 가입한 보험계약자의 40%는 다음 해에도 재가입하고 주택보험만 가입한 보험계약자의 60%는 다음 해에도 재가입한다고 추정하고 있다. 그리고 이 회사는 자동차보험과 주택보험 양쪽 모두 가입한 보험계약자의 80%는 다음 해에 적어도 어느 한 쪽의 보험에 가입한다고 추정하고 있다.
이 회사의 기록에 의하면, 현재 보험계약자의 65%는 자동차보험, 50%는 주택보험, 그리고 15%는 자동차와 주택보험 양쪽에 가입해 있다.

이 회사의 추정을 이용하여, 몇 퍼센트의 고객이 다음 해에 적어도 어느 한 쪽의 보험에 가입할지를 계산하여라.

[풀이]. A를 보험계약자가 현재 자동차보험에 가입해 있을 사건, H를 현재 주택보험에 가입할 사건, 그리고 R를 다음 해에 적어도 어느 한 쪽의 보험에 가입할 사건이라 하자. 문제는 $100 \times P(R)$을 계산하는 것이다. 회사의 추정에 의하여,

$$
\begin{aligned}
&P(R|A \cap H^c) = 0.4, \quad P(R|A^c \cap H) = 0.6, \quad P(R|A \cap H) = 0.8, \\
&P(A) = 0.65, \quad P(H) = 0.5, \\
&P(A \cap H) = 0.15.
\end{aligned}
$$

전사건 S에 대하여,

$$S = A \cup H = (A^c \cap H) \cup (A \cap H) \cup (A \cap H^c)$$

이므로,

$$P(A^c \cap H) = P(H) - P(A \cap H) = 0.35$$

이고

$$P(A \cap H^c) = P(A) - P(A \cap H) = 0.5$$

임을 쉽게 알 수 있다. 전확률법칙 (1.4.1)에 의하여,

$$P(R) = P(R|A \cap H^c)P(A \cap H^c) + P(R|A^c \cap H)P(A^c \cap H) + P(R|A \cap H)P(A \cap H)$$
$$= (0.4)(0.5) + (0.6)(0.35) + (0.8)(0.15) = 0.53$$

이다. 따라서 정답은 53%이다.

문제 1.4.4([4], No. 9). 어떤 보험회사는 자동차보험 고객들의 그룹을 조사하여 다음과 같은 정보를 얻었다:

(i) 모든 고객은 적어도 한 대의 자동차에 대한 보험에 가입한다.

(ii) 고객의 70%는 두 대 이상의 자동차에 대한 보험에 가입한다.

(iii) 고객의 20%는 스포츠카에 대한 보험에 가입한다.

(iv) 두 대 이상의 자동차에 대한 보험에 가입한 고객의 15%는 스포츠 자동차에 대한 보험에 가입한다.

지금 랜덤하게 선택한 어떤 고객이 스포츠카가 아닌 자동차 한 대 만을 위한 보험에 가입할 확률을 구하여라.

[풀이]. A를 두 대 이상의 자동차에 대한 보험에 가입할 사건이라 하고, B 스포츠카에 대한 보험에 가입할 사건이라 하자. 이 문제는 $P(A^c \cap B^c)$를 계산하는 것이다. 주어진 조건들은 다음과 같다.

$$P(A) = 0.7, \quad P(B) = 0.2,$$
$$P(B|A) = 0.15.$$

정리 1.2.4와 조건부확률의 정의에 의하여,

$$\begin{aligned} P(A^c \cap B^c) &= 1 - P(A \cup B) \\ &= 1 - \{P(A) + P(B) - P(A \cap B)\} \\ &= 1 - \{P(A) + P(B) - P(B|A))P(A)\} \\ &= 1 - (0.7 + 0.2 - (0.15)(0.7) \\ &= 0.205. \end{aligned}$$

문제 1.4.5([4], No. 11). 자동차 소유주가 가입하는 보험의 선호도를 연구하는 한 보험계리사가 다음과 같은 결과를 얻었다:

(i) 충돌사고보험에 가입하는 자동차 소유주의 수가 책임보험에 가입하는 자동차 소유주의 수의 두 배이다.

(ii) 어떤 자동차 소유주가 충돌사고보험에 가입할 사건과 책임보험에 가입할 사건은 서로 독립이다.

(iii) 충돌사고보험과 책임보험에 동시에 가입할 확률은 0.15이다.

어떤 자동차 소유주가 충돌사고보험이나 책임보험 중 어디에도 가입하지 않을 확률은 얼마인가?

[풀이]. C를 자동차 소유주가 충돌사고보험에 가입할 사건이라 하고, D를 책임보험에 가입할 사건이라 하자. 이 문제는 $P(C^c \cap D^c)$를 계산하는 것이다. 다음 조건들이 주어져 있다.

$$C, D : \text{독립},$$

$$P(C) = 2P(D),$$

$$P(C \cap D) = 0.15.$$

이 문제를 풀기 위하여, 정리 1.2.4를 이용한다.

$$\begin{aligned} P(C^c \cap D^c) &= P((C \cup D)^c) \\ &= 1 - P(C \cup D) \\ &= 1 - \{P(C) + P(D) - P(C \cap D)\} \\ &= 1 - \{3P(D) - 0.15\} \\ &= 1.15 - 3P(D). \end{aligned}$$

$0.15 = P(C \cap D) = P(C)P(D) = 2P(D)^2$이므로,

$$P(D) = \sqrt{\frac{0.15}{2}} = \sqrt{0.075}.$$

따라서

$$P(C^c \cap D^c) = 1.15 - 3\sqrt{0.075} = 1.15 - 3\sqrt{0.275^2} = 0.325.$$

문제 1.4.6([4], No. 17). 한 보험회사는 병원비용보험금을 지불한다. 응급실 비용과 수술실비용을 포함하는 보험금청구횟수는 총 보험금청구횟수의 85%이다. 응급실비용을 포함하지 않는 보험금청구횟수는 총 보험금청구횟수의 25%이다. 병원비용보험금을 청구하는 과정에서 응급실비용이 발생할 사건과 수술실 비용이 발생할 사건은 독립이다.

이 보험회사에 청구된 보험금이 수술실비용을 포함할 확률을 계산하여라.

[풀이]. O와 E를 각각 보험청구금이 수술실비용과 응급실비용을 포함할 사건이라 하자. 이 문제는 $P(O)$를 계산하는 것이다. 다음과 같은 가정이 주어져 있다.

$$P(O \cup E) = 0.85,$$

$$P(E^c) = 0.25,$$

$$O, E : \text{독립}.$$

가정에 의하여,

$$\begin{aligned} P(O \cup E) &= P(O) + P(E) - P(O \cap E) \\ &= P(O) + P(E) - P(O)P(E) \\ &= P(O) + 0.75 - 0.75P(O). \\ &= 0.25P(O) + 0.75. \end{aligned}$$

그러나 $P(O \cup E) = 0.85$이므로

$$0.25P(O) + 0.75 = 0.85$$

이고. 따라서 $P(O) = 0.40$.

문제 1.4.7([4], No. 20). 한 보험회사는 생명보험계약자를 표준순위, 우선 순위 그리고 최우선순위의 청구권 소유자별로 분류한다. 이 회사의 총계약자의 50%는 표준순위, 40%는 우선순위, 그리고 10%는 최우선순위이다. 다음 해에 표준순위계약자가 사망할 확률은 0.010이고 우선순위계약자가 사망할 확률은 0.005, 그리고 최우선순위계약자가 사망할 확률은 0.001이다.

한 보험계약자가 다음 해에 사망했다. 사망한 이 계약자가 최우선순위자일 확률은 얼마인가?

[풀이]. 다음과 같이 표시하자.

$S =$ 표준순위계약자일 사건,

$F =$ 우선순위계약자일 사건,

$U =$ 최우선순위계약자일 사건,

$D =$ 한 보험계약자가 다음 해에 사망할 사건.

이 문제는 $P(U|D)$를 계산하는 것이다. 다음 가정이 주어져 있다.

$$P(S) = 0.5, \quad P(F) = 0.4, \quad P(U) = 0.1,$$

$$P(D|S) = 0.010,$$

$$P(D|F) = 0.005,$$

$$P(D|U) = 0.001.$$

베이즈의 공식에 의하여,

$$\begin{aligned} P(U|D) &= \frac{P(D|U)P(U)}{P(D|S)P(S) + P(D|F)P(F) + P(D|U)P(U)} \\ &= \frac{(0.001)(0.1)}{(0.010)(0.5) + (0.005)(0.4) + (0.001)(0.1)} \\ &= 0.0141. \end{aligned}$$

문제 1.4.8([4], No. 21). 병원의 응급실에 도착한 환자는 그의 상태에 따라서 위독한 상태, 중태 그리고 안정된 상태로 분류된다. 지난 해에,

(i) 응급실 환자의 10%는 위독한 상태였고;

(ii) 응급실 환자의 30%는 중태였고;

(iii) 나머지의 응급실 환자는 안정된 상태였다;

(iv) 위독한 상태의 환자의 40%는 사망하였고;

(v) 중태의 환자의 10%는 사망하였고,

(vi) 안정된 상태의 환자의 1%는 사망하였다.

어떤 환자가 살아 있다. 이 환자가 응급실에 도착했을 때, 중태였을 확률은 얼마인가?

[풀이]. 다음과 같이 두자.

$$A = \text{응급실환자가 위독한 상태일 사건},$$

$$B = \text{응급실환자가 중태일 사건},$$

$$C = \text{응급실환자가 안정된 상태일 사건},$$

$$D = \text{응급실환자가 사망할 사건}.$$

이 문제는 $P(B|D^c)$를 구하는 것이다. 다음 조건이 주어져 있다.

$$P(A) = 0.1, \quad P(B) = 0.3, \quad P(C) = 0.6,$$

$$P(D^c|A) = 1 - 0.4 = 0.6,$$

$$P(D^c|B) = 1 - 0.1 = 0.9,$$

$$P(D^c|C) = 1 - 0.01 = 0.99.$$

베이즈의 공식에 의하여,

$$\begin{aligned} P(B|D^c) &= \frac{P(D^c|B)P(B)}{P(D^c|A)P(A) + P(D^c|B)P(B) + P(D^c|C)P(C)} \\ &= \frac{(0.9)(0.3)}{(0.6)(0.1) + (0.9)(0.3) + (0.99)(0.6)} \\ &= 0.29. \end{aligned}$$

문제 1.4.9([4], No. 22). 5년 동안 어떤 그룹의 사람들의 건강에 관한 연구를 진행하였다. 이 연구를 시작할 때, 그룹의 사람들의 20%는 골초이고 30%는 가벼운 흡연자이고 50%는 비흡연자로 분류되었다.

이 연구의 결과에 의하면, 연구기간 5년 동안 가벼운 흡연자가 사망할 가능성이 비흡연자의 2배이고 골초의 절반이었다.

랜덤하게 선택한 연구 참여자가 5년 연구기간 중에 사망하였다. 이 사망자가 골초였을 확률을 구하여라.

[풀이]. 다음과 같이 두자.

H = 연구 참여자가 골초일 사건,

L = 연구 참여자가 가벼운 흡연자일 사건,

N = 연구 참여자가 비흡연자일 사건,

D = 연구 참여자가 5년 연구기간 중에 사망할 사건.

이 문제는 $P(H|D)$를 계산하는 것이다. 연구결과로부터 다음 조건을 얻을 수 있다.

$$P(H) = 0.2, \quad P(L) = 0.3, \quad P(N) = 0.5,$$
$$P(D|L) = 2P(D|N) = \frac{1}{2}P(D|H).$$

베이즈의 공식에 의하여,

$$\begin{aligned}
P(H|D) &= \frac{P(D|H)P(H)}{P(D|H)P(H) + P(D|L)P(L) + P(D|N)P(N)} \\
&= \frac{P(D|H)P(H)}{P(D|H)P(H) + 1/2P(D|H)P(L) + 1/4P(D|H)P(N)} \\
&= \frac{P(H)}{P(H) + 1/2P(L) + 1/4P(N)} \\
&= \frac{0.2}{0.2 + (1/2)(0.3) + (1/4)(0.5)} \\
&= 0.42.
\end{aligned}$$

문제 1.4.10([4], No. 25). 어떤 혈액검사는 실제로 특정한 질병을 보유하고 있는 사람들의 95%에게 그 질병을 보유하고 있는 것으로 나타낸다. 이 검사는 실제로 그 질병을 보유하지 않는 사람들의 0.5%에게 그 질병을 보유하고 있는 것으로 나타낸다. 그리고 인구의 1%는 그 질병을 실제로 보유하고 있다.

어떤 사람에게 이 혈액검사를 한 결과 특정한 질병을 보유하고 있는 것으로 나타났을 때, 실제로 그 질병을 보유하고 있을 확률을 구하여라.

[풀이]. 다음과 같이 두자.

$Y =$ 혈액검사에서 질병을 보유하고 있는 것으로 나타날 사건,

$D =$ 실제로 질병을 보유하고 있을 사건.

이 문제는 $P(D|Y)$를 계산하는 것이다. 다음 조건이 주어져 있다.

$$P(Y|D) = 0.95,$$

$$P(Y|D^c) = 0.005,$$

$$P(D) = 0.01$$

베이즈의 공식에 의하여,

$$\begin{aligned} P(D|Y) &= \frac{P(Y|D)P(D)}{P(Y|D)P(D) + P(Y|D^c)P(D^c)} \\ &= \frac{(0.95)(0.01)}{(0.95)(0.01) + (0.005)(0.99)} \\ &= 0.657. \end{aligned}$$

문제 1.4.11([4], No. 26). 랜덤하게 선택한 남자가 혈액순환장애를 가지고 있을 확률이 0.25이다. 혈액순환장애가 있는 남자 중 흡연자의 비율은 혈액순환장애가 없는 남자 중 흡연자의 비율의 두 배이다.

어떤 남자가 흡연자라는 조건 아래에서 혈액순환장애를 가지고 있을 조건부 확률을 구하여라.

[풀이]. M을 어떤 남자가 흡연자일 사건이라 하고 C를 혈액순환장애를 가지고 있을 사건이라 하자. 다음과 같은 조건이 주어져 있다.

$$P(C) = 0.25,$$

$$P(M|C) = 2P(M|C^c).$$

이 문제는 $P(C|M)$를 구하는 것이다. 베이즈의 공식에 의하여,

$$\begin{aligned} P(C|M) &= \frac{P(M|C)P(C)}{P(M|C)P(C) + P(M|C^c)P(C^c)} \\ &= \frac{P(M|C)P(C)}{P(M|C)P(C) + 1/2P(M|C)P(C^c)} \\ &= \frac{P(C)}{P(C) + 1/2P(C^c)} \\ &= \frac{0.25}{0.25 + (1/2)(0.75)} \\ &= \frac{2}{5}. \end{aligned}$$

문제 1.4.12([4], No. 27). 어떤 자동차사고에 관한 연구로 부터 다음과 같은 자료를 얻었다:

모델 연도	자동차 수의 비율	사고에 관련될 확률
1997	0.16	0.05
1998	0.18	0.02
1999	0.20	0.03
Other	0.46	0.04

1997, 1998, 1999년도 모델의 중 한 자동차가 사고에 관련되었다.

이 자동차의 모델 연도가 1997년일 확률을 구하여라.

[풀이]. 다음과 같이 두자.

U = 모델 연도가 1997년일 사건,

V = 모델 연도가 1998년일 사건,

W = 모델 연도가 1999년일 사건,

A = 1997, 1998, 1999년도 모델의 중 한 자동차가 사고에 관련될 사건.

자동차사고에 관한 연구로 부터 다음 조건들이 주어진다.

$$P(U) = 0.16, \quad P(V) = 0.18, \quad P(W) = 0.20,$$

$$P(A|U) = 0.05, \quad P(A|V) = 0.02, \quad P(A|W) = 0.03$$

이 문제는 $P(U|A)$를 구하는 것이다. 베이즈의 공식에 의하여,

$$\begin{aligned} P(U|A) &= \frac{P(A|U)P(U)}{P(A|U)P(U) + P(A|V)P(V) + P(A|W)P(W)} \\ &= \frac{(0.05)(0.16)}{(0.05)(0.16) + (0.02)(0.18) + (0.03)(0.20)} \\ &= 0.45. \end{aligned}$$

제 2 장

확률변수와 그의 분포

제 2.1 절 확률변수와 분포

문제 2.1.1([4], No. 14). 3년 동안 어떤 자동차 보험계약서에 따라서 한 개인이 접수하는 보험금 청구횟수를 모델링하는 과정에서, 어떤 보험계리사는 계약기간 동안 한 보험계약자가 n번의 보험금을 청구할 확률을 p_n이라 할 때, 모든 정수 $n \geq 0$에 대하여, $p_{n+1} = \frac{1}{5}p_n$을 만족한다는 단순한 가정을 설정하였다.

이 가정 하에서 한 보험계약자가 보험계약기간 동안 한 번보다 더 많은 횟수의 보험금청구를 신청할 확률은 얼마인가?

[**풀이**]. N을 보험금 청구횟수라 하자. 그러면 $p_k = P(N = k), k = 0, 1, 2, \cdots$이다. 이 문제는 $P(N > 1)$를 구하는 것이다. 임의의 $k = 1, 2, \cdots$에 대하여,

$$\begin{aligned} p_k &= \frac{1}{5}p_{k-1} \\ &= \left(\frac{1}{5}\right)\left(\frac{1}{5}\right)p_{k-2} = \cdots = \left(\frac{1}{5}\right)^k p_0 \end{aligned}$$

이므로,

$$1 = \sum_{k=0}^{\infty} p_k = \sum_{k=0}^{\infty}\left(\frac{1}{5}\right)^k p_0 = \frac{1}{1-1/5}p_0 = \frac{5}{4}p_0$$

이고, 따라서

$$p_0 = \frac{4}{5}$$

이다. 그러므로

$$\begin{aligned} P(N > 1) &= 1 - P(N \leq 1) \\ &= 1 - P(N = 0 \ \text{ 또는 } \ N = 1) \\ &= 1 - \{P(N = 0) + P(N = 1)\} \\ &= 1 - (p_0 + p_1) \\ &= 1 - \left\{\frac{4}{5} + \left(\frac{1}{5}\right)\left(\frac{4}{5}\right)\right\} \\ &= \frac{1}{25} \end{aligned}$$

문제 2.1.2([4], No. 16). 한 보험회사는 일주일 동안 접수되는 보험금 청구횟수 N은, 임의의 정수 $n \geq 0$에 대하여, $P(N = n) = 1/2^{n+1}$를 만족하는 확률변수라 정의하였다. 또 이 회사는 주어진 일주일 동안 접수되는 보험금 청구횟수는 다른 일주일 동안 접수되는 보험금 청구횟수와 독립이라는 사실을 알았다.

주어진 2주일 동안 접수되는 이 회사에 접수되는 보험금 청구횟수가 정확하게 일곱 번일 확률을 구하여라.

[풀이]. 다음과 같이 두자.

$$N_1 : \text{첫째 주일 동안 접수되는 보험금 청구횟수},$$

$$N_2 : \text{둘째 주일 동안 접수되는 보험금 청구횟수}.$$

가정에 의하여, 임의의 $j = 1, 2$에 대하여,

$$P(N_j = n) = \frac{1}{2^{n+1}}.$$

이 문제는 $P(N_1 + N_2 = 7)$를 계산하는 것이다. 전확률법칙 (1.4.1)에 의하여, 다음과 같이 계산된다.

$$\begin{aligned}
P(N_1+N_2=7) &= \sum_{n=0}^{7} P(N_1+N_2=7 \mid N_1=n)P(N_1=n) \\
&= \sum_{n=0}^{7} P(N_1+N_2=7, N_1=n) \\
&= \sum_{n=0}^{7} P(N_1=n, N_2=7-n) \\
&= \sum_{n=0}^{7} \left(\frac{1}{2^{n+1}}\right)\left(\frac{1}{2^{8-n}}\right) \\
&= \sum_{n=0}^{7} \frac{1}{2^9} \\
&= 8 \times \frac{1}{2^9} = \frac{1}{2^6} = \frac{1}{64}.
\end{aligned}$$

문제 2.1.3([4], No. 24). 1개월 당 상해보험금 청구횟수는

$$P(N=n) = \frac{1}{(n+1)(n+2)}, \quad n \geq 0$$

를 만족하는 확률변수 N에 의해 정의된다.

특정한 1개월 동안 많아야 네 번의 보험금 청구가 접수되었다는 조건 하에, 그 1개월 동안 적어도 한 번의 보험금 청구가 접수될 확률을 구하여라.

[풀이]. 이 문제는 $P(N \geq 1 \mid N \leq 4)$를 구하는 것이다. 상해보험금 청구횟수

의 정의에 의하여 다음과 같이 계산된다.

$$
\begin{aligned}
&P(N \geq 1 \mid N \leq 4) \\
&= \frac{P(1 \leq N \leq 4)}{P(N \leq 4)} \\
&= \frac{P(N=1 \quad \text{또는} \quad N=2 \quad \text{또는} \quad N=3 \quad \text{또는} \quad N=4)}{P(N=0 \quad \text{또는} \quad N=1 \quad \text{또는} \quad N=2 \quad \text{또는} \quad N=3 \quad \text{또는} \quad N=4)} \\
&= \frac{P(N=1)+P(N=2)+P(N=3)+P(N=4)}{P(N=0)+P(N=1)+P(N=2)+P(N=3)+P(N=4)} \\
&= \frac{\frac{1}{6}+\frac{1}{12}+\frac{1}{20}+\frac{1}{30}}{\frac{1}{2}+\frac{1}{6}+\frac{1}{12}+\frac{1}{20}+\frac{1}{30}} \\
&= \frac{10+5+3+2}{30+10+5+3+2} = \frac{2}{5}.
\end{aligned}
$$

문제 2.1.4([4], No. 34). 어떤 기계의 수명 X이 구간 (0,40)에서 연속분포를 가지는 확률변수인데 확률밀도함수 $f_X(x)$를 가진다. 단, $f_X(x)$는 $(10+x)^{-2}$에 비례한다고 가정한다.

이 기계의 수명이 6보다 작을 확률을 구하여라.

[풀이]. 이 문제는 $P(X<6)$를 구하는 것이다. 분명히 X의 확률밀도함수는 다음과 같은 꼴이다.

$$
f_X(x) = \begin{cases} C(10+x)^{-2}, & 0<x<40, \\ 0, & \text{그 외에서.} \end{cases}
$$

단, C는 적당한 상수이다. 먼저 확률밀도함수의 성질을 이용하여 상수 C를 결정하자.

$$
\begin{aligned}
1 &= \int_{-\infty}^{\infty} f_X(x)dx = \int_0^{40} C(10+x)^{-2}dx \\
&= \left[-\frac{C}{10+x}\right]_{x=0}^{x=40} = -\frac{C}{50}+\frac{C}{10} = \frac{2C}{25}.
\end{aligned}
$$

따라서 $C = 25/2$이다. 그러므로 다음과 같이 계산된다.

$$\begin{aligned} P(X < 6) &= \int_0^6 \frac{25}{2}(10+x)^{-2}dx \\ &= \left[-\frac{C}{10+x}\right]_0^6 \\ &= -\frac{25}{32} + \frac{25}{20} = 0.47. \end{aligned}$$

문제 2.1.5([4], No. 36). 어떤 단체보험은 한 소기업의 종업원들의 의료보험금을 지불한다. 일 년 동안 지불한 보험금액 V가 다음과 같이 정의된다고 한다.

$$V = 100,000Y.$$

단, Y는 다음과 같은 밀도함수를 가지는 확률변수이다.

$$f_Y(y) = \begin{cases} k(1-y)^4, & 0 < y < 1, \\ 0, & \text{그 외에서} \end{cases}$$

여기서 k는 적당한 상수이다.

V가 10,000을 초과한다는 조건 아래에서, 40,000을 초과할 조건부확률을 구하여라.

[풀이]. 이 문제는 $P(V > 40,000 \mid V > 10,000)$를 계산하는 것이다. 먼저 상수 k를 결정하자. 이것은 다음과 같은 등식

$$1 = \int_0^1 k(1-y)^4 dy = \left[-k\frac{1}{5}(1-y)^5\right]_0^1 = \frac{k}{5}$$

로 부터, $k = 5$를 얻는다. 조건부확률의 정의에 의하여,

$$\begin{aligned} P(V > 40,000 \mid V > 10,000) &= \frac{P(V > 40,000 \quad \text{이고} \quad V > 10,000)}{P(V > 10,000)} \\ &= \frac{P(V > 40,000)}{P(V > 10,000)}. \end{aligned}$$

여기서

$$
\begin{aligned}
P(V > 40,000) &= P(100,000Y > 40,000) \\
&= P(Y > 0.4) \\
&= \int_{0.4}^{1} 5(1-y)^4 dy \\
&= \left[-(1-y)^5\right]_{0.4}^{1} \\
&= (1-0.4)^5 \\
&= 0.0078
\end{aligned}
$$

이고, 같은 방법에 의하여

$$
P(V > 10,000) = P(Y > 0.1) = (1-0.1)^5 = 0.59
$$

이므로, 다음을 얻는다.

$$
P(V > 40,000 \mid V > 10,000) = \frac{0.0078}{0.59} = 0.132.
$$

문제 2.1.6([4], No. 38). 어떤 보험회사는 여러 가정에 대해 보험을 계약하고 있다. 랜덤하게 선택된 한 가정의 보험료 X는 다음과 같은 확률밀도함수를 가지는 확률변수라 가정한다.

$$
f_X(x) = \begin{cases} 3x^{-4}, & x > 1, \\ 0, & \text{그 외에서.} \end{cases}
$$

랜덤하게 선택된 가정의 보험료가 적어도 1.5보다 크다는 조건 하에, 보험료가 2 보다 적을 확률은 얼마인가?

[풀이]. 이 문제는 조건부확률 $P(X < 2 \mid X \geq 1.5)$를 계산하는 것이다. 조건

부확률의 정의에 의하여, 다음과 같이 계산된다.

$$\begin{aligned} P(X < 2 \mid X \geq 1.5) &= \frac{P(1.5 \leq X < 2)}{P(X \geq 1.5)} \\ &= \frac{P(1.5 \leq X < 2)}{1 - P(X < 1.5)} \\ &= \frac{\int_{1.5}^{2} 3x^{-4} dx}{1 - \int_{1}^{1.5} 3x^{-4} dx} \\ &= \frac{[-1/x^3]_{1.5}^{2}}{1 - [-1/x^3]_{1}^{1.5}} \\ &= 0.578 \end{aligned}$$

문제 2.1.7([4], No. 71). 어떤 제조시스템의 기능이 고장날 때까지의 시간 T가 다음과 같은 누적분포함수를 가진다.

$$F_T(t) = \begin{cases} 1 - \left(\frac{2}{t}\right)^2, & t > 2, \\ 0, & \text{그 외에서.} \end{cases}$$

이 고장으로 인하여 회사가 부담해야 하는 비용은 $Y = T^2$이다.

$y > 4$에 대한 Y의 확률밀도함수를 구하여라.

[풀이]. $F_Y(y)$와 $f_Y(y)$를 각각 Y의 누적분포함수와 확률밀도함수라 하자. 이 문제를 풀기 위하여 $F_Y(y)$와 $f_Y(y)$의 관계식

$$f_Y(y) = \frac{dF_Y(y)}{dy}$$

를 이용한다. 먼저 $F_Y(y)$를 구하자.

$$\begin{aligned} F_Y(y) &= P(Y \leq y) = P(T^2 \leq y) = P(T \leq \sqrt{y}) \\ &= F_T(\sqrt{y}) = 1 - \left(\frac{2}{\sqrt{y}}\right)^2 \\ &= 1 - \frac{4}{y}. \end{aligned}$$

그러므로

$$f_Y(y) = F_Y'(y) = \left(1 - \frac{4}{y}\right)' = \frac{4}{y^2}.$$

문제 2.1.8([4], No. 75). 회사 I의 월수익 X_1는 확률밀도함수 f_1을 가지는 연속확률변수로 주어지고 회사 II의 월수익은 회사 I의 월수익 두 배이다.

회사 II의 월수익의 확률밀도함수를 구하여라.

[풀이]. f_2를 회사 II의 월수익 X_2의 확률밀도함수라 하자. 이 문제는 f_2를 f_1에 의한 표현을 주는 것이다. 먼저 X_1의 누적분포함수 F_1과 X_2의 누적분포함수 F_2의 관계를 보자.

$$\begin{aligned} F_2(x) &= P(X_2 \le x) \\ &= P(2X_1 \le x) \\ &= P(X_1 \le x/2) \\ &= F_1(x/2). \end{aligned}$$

그러므로

$$f_2(x) = F_2'(x) = [F_1(x/2)]' = \frac{1}{2}F_1'(x/2) = \frac{1}{2}f_1(x/2).$$

제 2.2 절　기댓값과 분산

문제 2.2.1([4], No. 44). 한 보험계약은 3일간까지는 매일 입원비 100을 지불하고 그 이후부터는 매일 입원비 50을 지불한다.

입원한 날의 수 X는 다음과 같은 확률질량함수

$$P(X=k) = \begin{cases} \frac{6-k}{15}, & k = 1,2,3,4,5, \\ 0, & \text{그 외에서} \end{cases}$$

를 가지는 이산확률변수라 한다.

이 보험계약 하에 입원비의 기댓값을 구하여라.

[풀이]. $Y = g(X)$를 입원한 날의 수 X에 대한 입원비라 하자.

$$Y = g(X) = \begin{cases} 100X, & k = 1, 2, 3, \\ 300 + 50(X - 3), & k = 4, 5. \end{cases}$$

이 문제는 $E[Y]$를 구하는 것이다. 정리 2.2.4에 의하여,

$$\begin{aligned} E[Y] &= \sum_{k=1}^{5} g(k)P(X = k) \\ &= (100)(1)\left(\frac{6-1}{15}\right) + (100)(2)\left(\frac{6-2}{15}\right) + (100)(3)\left(\frac{6-3}{15}\right) \\ &\quad + (300 + 50(4-3))\left(\frac{6-4}{15}\right) + (300 + 50(5-3))\left(\frac{6-5}{15}\right) \\ &= \frac{1}{15}(600 + 800 + 900 + 700 + 400) \\ &= \frac{3300}{15} = 220. \end{aligned}$$

문제 2.2.2([4], No. 45). X를 다음과 같은 확률밀도함수를 가지는 연속확률변수라 하자.

$$f_X(x) = \begin{cases} \frac{|x|}{10}, & -2 \le x \le 4 \\ 0, & \text{그 외에서.} \end{cases}$$

이때 X의 기댓값을 계산하여라.

[풀이]. 이 문제는 $E[X]$를 구하는 것이다. 주어진 확률밀도함수는 다음과 같이 고쳐 쓸 수 있다.

$$f_X(x) = \begin{cases} \frac{-x}{10}, & -2 \le x < 0 \\ \frac{x}{10}, & 0 \le x \le 4 \\ 0, & \text{그 외에서.} \end{cases}$$

그래서 다음과 같이 계산된다.

$$\begin{aligned} E[X] &= \int_{-\infty}^{\infty} x f_X(x)dx \\ &= \int_{-2}^{0} x\frac{-x}{10}dx + \int_{0}^{4} x\frac{x}{10}dx \\ &= \int_{-2}^{0} -\frac{x^2}{10}dx + \int_{0}^{4} \frac{x^2}{10}dx \\ &= \left[-\frac{x^3}{30}\right]_{-2}^{0} + \left[\frac{x^3}{30}\right]_{0}^{4} \\ &= -\frac{8}{30} + \frac{64}{30} \\ &= \frac{28}{15}. \end{aligned}$$

문제 2.2.3([4], No. 48). 전기장치에 대한 어떤 보험계약에 따라서, 만약 첫 해 동안 이 전기장치가 고장이 나면 보험금 4,000을 지불한다. 보험금은 매년 1,000씩 줄어서 0이 된다. 만약 연초에 전기장치가 고장난 상태가 아니라면, 그 해 동안 고장날 확률이 0.4이다.

이 보험계약에 따른 보험금의 기댓값은 얼마인가?

[풀이]. 다음과 같이 두자.

X : 전기장치가 고장날 때까지 걸린 해의 수

Y : X에 대한 보험금.

이 문제는 $E[Y]$를 구하는 것이다. 문제의 가정으로부터

$$p_X(k) = P(X = k) = (0.6)^{k-1}(0.4), \quad k = 1, 2, \cdots$$

이고

$$Y = g(X) = \begin{cases} 1,000(5 - X), & X = 1, 2, 3, 4 \\ 0, & \text{그외에서} \end{cases}$$

이다. 그러므로

$$\begin{aligned} E[Y] &= E[g(X)] \\ &= \sum_{k=1}^{4} g(k)p_X(k) \\ &= 4,000(0.4) + 3,000(0.6)(0.4) \\ &\qquad + 2,000(0.6)^2(0.4) + 1,000(0.6)^3(0.4) \\ &= 2694. \end{aligned}$$

문제 2.2.4([4], No. 55). 한 보험회사의 월간 보험금 총액은 양의 연속확률변수 X로 주어지는데 확률밀도함수가 $(1+x)^{-4}$에 비례한다고 한다. 단, $0 < x < \infty$이다.

이 보험회사의 월간 보험금 총액의 기댓값을 구하여라.

[풀이]. X의 확률밀도함수는 다음과 같은 모양이다.

$$f_X(x) = \frac{K}{(1+x)^4}, \quad 0 < x < \infty.$$

단, K는 적당한 상수이다. 상수 K를 결정하기 위하여,

$$\begin{aligned} 1 &= \int_{-\infty}^{\infty} f_X(x)dx \\ &= \int_0^{\infty} \frac{K}{(1+x)^4}dx = \frac{K}{3}. \end{aligned}$$

라는 사실을 이용하면 $K = 3$을 얻고, 따라서

$$f_X(x) = \frac{3}{(1+x)^4}, \quad 0 < x < \infty.$$

기댓값의 정의에 의하여,

$$E[X] = \int_{-\infty}^{\infty} xf_X(x)dx = \int_0^{\infty} \frac{3x}{(1+x)^4}dx.$$

여기서 우변의 정적분을 계산하기 위하여 $u = 1 + x$라 두면 $dx = du$, $u(0) = 1$, 그리고 $u(\infty) = \infty$로 치환된다. 그러므로

$$\begin{aligned} E[X] &= \int_1^\infty \frac{3(u-1)}{u^4} du \\ &= 3\int_1^\infty \left(u^{-3} - u^{-4}\right) du \\ &= 3\left[\frac{u^{-2}}{-2} - \frac{u^{-3}}{-3}\right]_1^\infty \\ &= \frac{3}{2} - 1 = \frac{1}{2}. \end{aligned}$$

문제 2.2.5([4], No. 57). 한 보험계리사는 어떤 부류의 사고에 대한 보험금액의 크기 X는 확률변수로 주어지는데 이것의 적률생성함수가 다음과 같이 주어진다고 한다.

$$M_X(t) = \frac{1}{(1 - 2,500t)^4}.$$

이 부류의 사고에 대한 보험금액의 크기의 표준편차를 계산하여라.

[**풀이**]. 이 문제는 $\sqrt{Var(X)}$를 계산하는 것이다. 참고 2.2.7(4)에 의하여 다음 결과를 얻는다.

$$\begin{aligned} E[X] &= M_X'(0) = \left.\frac{(-4)(-2,500)}{(1-2,500t)^5}\right|_{t=0} = 10,000, \\ E[X^2] &= M_X''(0) = \left.\frac{(-5)(-4)(-2,500)^2}{(1-2,500t)^6}\right|_{t=0} = 125,000,000. \end{aligned}$$

이들로부터

$$\begin{aligned} Var(X) &= E[X^2] - E[X]^2 \\ &= 125,000,000 - (10,000)^2 = 25,000,000 \end{aligned}$$

이고, 따라서 $\sqrt{Var(X)} = 5,000$.

문제 2.2.6([4], No. 58). 한 보험회사가 세 도시 J, K, 그리고 L에 있는 가정에 대해 보험을 계약하였다. 세 도시들은 충분히 떨어져 위치하고 있으므로 이

들 도시에서 발생하는 손실은 서로 독립이라 가정해도 타당할 것이다.

각 도시의 손실의 적률생성함수는 다음과 같다고 가정한다:

$$M_J(t) = (1-2t)^{-3}$$

$$M_K(t) = (1-2t)^{-2.5}$$

$$M_L(t) = (1-2t)^{-4.5}.$$

X를 세 도시에서 발생하는 손실의 합이라 하자.

$E[X^3]$를 계산하여라.

[풀이]. X_J, X_K 그리고 X_L를 각각 세 도시 J, K, 그리고 L에서 발생하는 손실이라 하자. 그러면

$$X = X_J + X_K + X_L$$

이다. 이 문제는 $E[X^3]$를 구하는 것이다. 이를 위하여, X의 적률생성함수 $M_X(t)$를 구하자.

$$\begin{aligned}
M_X(t) = E[e^{tX}] &= E\left[e^{t(X_J+X_K+X_L}\right] \\
&= E\left[e^{tX_J}e^{tX_K}e^{tX_L}\right] \\
&= E\left[e^{tX_J}\right]E\left[e^{tX_K}\right]E\left[e^{tX_L}\right] \\
&= M_J(t)M_K(t)M_L(t) \\
&= (1-2t)^{-3}(1-2t)^{-2.5}(1-2t)^{-4.5} \\
&= (1-2t)^{-10}.
\end{aligned}$$

그러면

$$M_X'(t) = (-10)(-2)(1-2t)^{-11} = 20(1-2t)^{-11},$$

$$M_X''(t) = 440(1-2t)^{-12},$$

$$M_X'''(t) = 10,560(1-2t)^{-13}.$$

그러므로 참고 2.2.7(4)에 의하여,

$$E[X^3] = M_X'''(0) = 10,560$$

문제 2.2.7([4], No. 60). 한 연구보고서에 의하면, 온타리오주의 한 도시에서 일 년 동안 자동차를 유지하고 수리하기 위하여 필요한 경비의 평균이 200이고 분산이 260이다.

만약 자동차의 유지와 수리에 관련한 모든 항목에 20%의 세금을 부과한다면(즉, 모든 항목마다 비용이 20% 더 비싸다면), 일 년 동안 자동차를 유지하고 수리하기 위하여 필요한 경비의 분산은 얼마인가?

[풀이]. 다음과 같이 두자.

X =20%의 세금을 부과하기 전의

일 년 동안 자동차를 유지하고 수리하기 위하여 필요한 경비,

Y =20%의 세금을 부과한 후의

일 년 동안 자동차를 유지하고 수리하기 위하여 필요한 경비.

이 문제는 $Var(Y)$를 구하는 것이다. 문제의 가정에 의하여

$$E[X] = 200, \quad Var(X) = 260$$

이고

$$Y = (1 + 0.2)X = 1.2X$$

이다. 그러므로

$$Var(Y) = Var(1.2X) = (1.2)^2 Var(X) = (1.44)(260) = 374.$$

문제 2.2.8([4], No. 62). 확률변수 X가 다음과 같은 누적분포함수를 가진다고 하자.

$$F_X(x) = \begin{cases} 0, & x < 1 \\ \frac{x^2-2x+2}{2}, & 1 \le x < 2 \\ 1, & x \ge 2. \end{cases}$$

X의 분산을 계산하여라.

[풀이]. 만약 어떤 점 $x = a$에서 누적분포함수 $F_X(x)$가 불연속이면, 그 점에서 X의 확률질량함수값은

$$p_X(a) = \text{'점프의 높이'}$$

로 주어진다. 문제에서 주어진 분포함수는 오직 한 점 $x = 1$에서 불연속이다. 그러므로 X의 확률질량함수값은 $x = 1$에서

$$p_X(1) = \frac{1}{2}$$

이다 그리고 X의 확률밀도함수는 다음과 같이 주어진다.

$$f_X(x) = F_X'(x) = \begin{cases} x - 1, & 1 < x < 2 \\ 0, & x < 1, \quad x \geq 2. \end{cases}$$

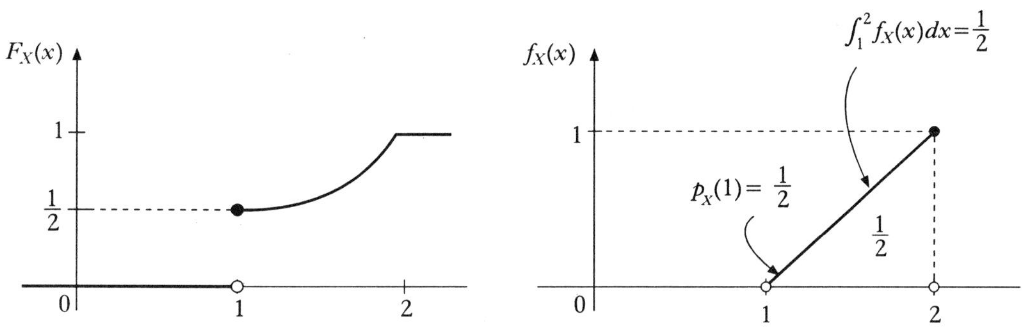

참고 2.2.5에 의하여

$$\begin{aligned} E[X] &= 1p_X(1) + \int_1^2 x(x-1)dx \\ &= \frac{1}{2} + \left[\frac{x^3}{3} - \frac{x^2}{2}\right]_1^2 = \frac{4}{3}, \end{aligned}$$

$$\begin{aligned} E[X^2] &= 1^2 p_X(1) + \int_1^2 x^2(x-1)dx \\ &= \frac{1}{2} + \left[\frac{x^4}{4} - \frac{x^3}{3}\right]_1^2 = \frac{23}{12} \end{aligned}$$

이고, 따라서

$$\begin{aligned}Var(X) &= E[X^2] - E[X]^2\\ &= \frac{23}{12} - \left(\frac{4}{3}\right)^2 = \frac{5}{36}.\end{aligned}$$

문제 2.2.9([4], No. 63) 어떤 기계의 보증서에 의하면, 만약 기계가 4년 이내에 고장이 나든지 혹은 고장없이 4년이 되면 새 기계와 교체해 준다고 한다. 이 기계의 고장시점에서의 나이 X는 다음과 같은 확률밀도함수를 가진다.

$$f_X(x) = \begin{cases}\frac{1}{5}, & 0 < x < 5,\\ 0, & \text{그 외에서.}\end{cases}$$

Y를 기계의 교체시점에서의 나이라 하자.

Y의 분산을 구하여라.

[풀이]. 문제의 가정에 의하여

$$Y = g(X) = \begin{cases}X, & 0 \le X \le 4,\\ 4, & 4 < X,\end{cases}$$

이므로,

$$\begin{aligned}E[Y] &= E[g(X)]\\ &= \int_0^5 g(x) f_X(x)dx\\ &= \int_0^4 x\frac{1}{5}dx + \int_4^5 4\frac{1}{5}dx\\ &= \frac{12}{5}\end{aligned}$$

$$\begin{aligned}E[Y^2] &= E[g(X)^2]\\ &= \int_0^5 g(x)^2 f_X(x)dx\\ &= \int_0^4 x^2\frac{1}{5}dx + \int_4^5 4^2\frac{1}{5}dx\\ &= \frac{112}{15}\end{aligned}$$

이고, 따라서

$$\begin{aligned} Var(Y) &= E[Y^2] - E[Y]^2 \\ &= \frac{112}{15} - \left(\frac{12}{5}\right)^2 = 1.71. \end{aligned}$$

문제 2.2.10([4], No. 64). 어떤 자동차 보험계약에 의한 보험금액의 확률분포가 아래의 표와 같이 주어져 있다:

보험금액	확률
20	0.15
30	0.10
40	0.05
50	0.20
60	0.10
70	0.10
80	0.30

보험금액의 평균을 중심으로 하여 반경이 표준편차의 한 배인 구간에 포함하는 보험금의 백분율은 얼마인가?

[풀이]. X를 보험금액이라 하자. 보험금액의 평균을 중심으로 하여 반경이 표준편차의 한 배인 구간은 다음과 같다.

$$M = \left[E[X] - 1 \cdot \sqrt{Var(X)}, E[X] + 1 \cdot \sqrt{Var(X)}\right].$$

기댓값과 분산의 정의에 의하여

$$\begin{aligned} E[X] &= \sum_{k=1}^{7} kp_X(k) \\ &= (20)(0.15) + (30)(0.10) + (40)(0.05) + (50)(0.20) \\ &\qquad + (60)(0.10) + (70)(0.10) + (80)(0.30) \\ &= 55, \end{aligned}$$

$$
\begin{aligned}
E[X^2] &= \sum_{k=1}^{7} k^2 p_X(k) \\
&= (20)^2(0.15) + (30)^2(0.10) + (40)^2(0.05) + (50)^2(0.20) \\
&\quad + (60)^2(0.10) + (70)^2(0.10) + (80)^2(0.30) \\
&= 3,500,
\end{aligned}
$$

이고 $Var(X) = 3,500 - 55^2 = 475$ 이므로, 원하는 구간은 다음과 같다.

$$M = [55 - \sqrt{475}, 55 + \sqrt{475}] = [33.21, 76.79].$$

분명히 $40, 50, 60, 70 \in [33.21, 76.79]$이므로, 구간 $[33.21, 76.79]$에 속하는 보험금의 백분율은 주어진 표에 의하여 다음과 같이 주어진다.

$$0.05 + 0.20 + 0.10 + 0.10 = 0.45.$$

문제 2.2.11([4], No. 66). 한 회사는 어떤 부동산의 경매에서 네 건의 밀봉된 입찰가격 중 최고 입찰가격을 낙찰하기로 한다. 네 건의 입찰가격은 서로 독립이며 다음과 같은 공통의 누적분포함수

$$F(x) = \frac{1}{2}(1 + \sin \pi x), \quad \frac{3}{2} \le x \le \frac{5}{2}$$

를 가지는 확률변수라 간주한다.

다음 중 낙찰가격의 기댓값을 올바르게 표현한 것은 어느 것인가?

(A) $\pi \int_{3/2}^{5/2} x \cos \pi x dx$

(B) $\frac{1}{16} \int_{3/2}^{5/2} (1 + \sin \pi x)^4 dx$

(C) $\frac{1}{16} \int_{3/2}^{5/2} x(1 + \sin \pi x)^4 dx$

(D) $\frac{1}{4}\pi \int_{3/2}^{5/2} \cos \pi x(1 + \sin \pi x)^3 dx$

(E) $\frac{1}{4}\pi \int_{3/2}^{5/2} x \cos \pi x(1 + \sin \pi x)^3 dx$

[풀이]. X_1, X_2, X_3, X_4를 네 개의 입찰가격이라 하고 $F(x)$를 이들의 공통의 분포함수라 하자. 그리고

$$Y = \max(X_1, X_2, X_3, X_4)$$

라 두자. 이 문제는 $E[Y]$를 구하는 것이다. 이를 위하여 Y의 밀도함수를 구하자. $F_Y(y)$를 Y의 분포함수라 두면, X_1, X_2, X_3, X_4가 독립이라는 가정에 의하여,

$$\begin{aligned} F_Y(y) &= P(Y \le y) \\ &= P(X_1 \le y, X_2 \le y, X_3 \le y, X_4 \le y) \\ &= P(X_1 \le y)P(X_2 \le y)P(X_3 \le y)P(X_4 \le y) \\ &= F(y)^4 \\ &= \left(\frac{1}{2}\right)^4 (1 + \sin \pi y)^4 \end{aligned}$$

이고, 따라서

$$\begin{aligned} f_Y(y) = F_Y'(y) &= \left(\frac{1}{2}\right)^4 4(1 + \sin \pi y)^3 (\cos \pi y)\pi \\ &= \frac{\pi}{4} \cos \pi y (1 + \sin \pi y)^3. \end{aligned}$$

그러므로

$$\begin{aligned} E[Y] &= \int_{3/2}^{5/2} y f_Y(y) dy \\ &= \frac{\pi}{4} \int_{3/2}^{5/2} y \cos \pi y (1 + \sin \pi y)^3 dy \end{aligned}$$

이다. 정답은 (E)이다.

문제 2.2.12([4], No. 69). 어떤 전자장치의 한 부품이 고장날 때까지의 시간은 중간값이 네 시간인 지수분포를 따른다고 한다.

이 부품이 적어도 다섯 시간 동안 고장나지 않고 작동할 확률을 구하여라.

[풀이]. T를 주어진 전자장치의 부품이 고장날 때까지의 시간이라 하자. 가정에 의하여 $T \sim E(\lambda)$이다. 즉, T의 확률밀도함수가 다음과 같이

$$f_T(t) = \begin{cases} \lambda e^{-\lambda t}, & t > 0, \\ 0, & \text{그 외에서} \end{cases}$$

이고, 또 중간값의 정의에 의하여

$$P(T \leq 4) = 0.5$$

이다.

이 문제는 $P(T \geq 5)$를 계산하는 것이다. 주어진 조건에 의하여,

$$\begin{aligned} P(T \leq 4) &= \int_0^4 f_T(t)dt \\ &= \int_0^4 \lambda e^{-\lambda t} dt \\ &= \left[-e^{-\lambda t}\right]_0^4 \\ &= 1 - e^{-4\lambda}. \end{aligned}$$

이 식으로부터

$$0.5 = 1 - e^{-4\lambda}$$

이고, 따라서

$$\lambda = \frac{1}{4}\ln 2.$$

그러므로

$$\begin{aligned} P(T \geq 5) &= 1 - P(T < 5) \\ &= 1 - \int_0^5 \frac{1}{4}\ln 2 \exp\left\{-\left(\frac{1}{4}\ln 2\right)t\right\} dt \\ &= 1 - \left[-\exp\left\{-\left(\frac{1}{4}\ln 2\right)t\right\}\right]_0^5 \\ &= \exp\left\{-\frac{5}{4}\ln 2\right\} \\ &= \frac{1}{2^{5/4}} = 0.42. \end{aligned}$$

문제 2.2.13([4], No. 76). 피보험가정들의 강풍으로 인한 손실을 보상하는 보험금액들은 서로 독립인 확률변수로 간주되는데 다음과 같은 공통의 확률밀도 함수

$$f(x) = \begin{cases} \frac{3}{x^4}, & x > 1, \\ 0, & \text{그 외에서,} \end{cases}$$

를 가진다고 한다. 단, x는 단위를 (천)으로 하는 보험금액이다. 세 건의 보험금이 청구되었다고 가정하자.

세 건 중 최대 보험금액의 기댓값은 얼마인가?

[풀이]. X_1, X_2, X_3를 세 건의 독립인 보험청구금액이라 하고,

$$Y = \max(X_1, X_2, X_3)$$

라 정의하자. 이 문제는 $E[Y]$를 구하는 것이다. $F(x)$를 X_1, X_2, X_3의 공통의 분포함수라 두자. 그러면

$$\begin{aligned} F(x) &= \int_1^x f(x)dx = \int_1^x \frac{3}{x^4}dx \\ &= 1 - \frac{1}{x^3}. \end{aligned}$$

$E[Y]$를 구하기 위하여, Y의 확률밀도함수 $f_Y(y)$를 구할 필요가 있다. Y의 분포함수가

$$\begin{aligned} F_Y(y) &= P(Y \le y) \\ &= P(X_1 \le y, X_2 \le y, X_3 \le y) \\ &= P(X_1 \le y)P(X_2 \le y)P(X_3 \le y) \\ &= F(y)^3 = \left(1 - \frac{1}{y^3}\right)^3 \end{aligned}$$

와 같이 주어지므로, 확률밀도함수는, $y > 1$일 때,

$$f_Y(y) = F_Y'(y) = 3\left(1 - \frac{1}{y^3}\right)^2 \frac{3}{y^4} = \frac{9}{y^4}\left(1 - \frac{1}{y^3}\right)^2$$

와 같이 주어진다. 그러므로

$$\begin{aligned}
E[Y] &= \int_1^\infty y f_Y(y)dy \\
&= \int_1^\infty y\frac{9}{y^4}\left(1-\frac{1}{y^3}\right)^2 dy \\
&= \int_1^\infty \frac{9}{y^3}\left(1-\frac{1}{y^3}\right)^2 dy \\
&= \int_1^\infty \left(\frac{9}{y^3}-\frac{18}{y^6}+\frac{9}{y^9}\right) dy \\
&= \left[-\frac{9}{2y^2}+\frac{18}{5y^5}-\frac{9}{8y^8}\right]_1^\infty \\
&= 9\left(\frac{1}{2}-\frac{2}{5}+\frac{1}{8}\right) \\
&= 2.025(\text{단위: 천}) = 2025.
\end{aligned}$$

문제 2.2.14([4], No. 96). 어느 여행사를 운영하는 기사가 20명 정원의 버스를 소유하고 있다. 이 기사는 여행을 예약한 후 취소하는 고객이 있을 것으로 예상하고 21장의 티켓을 판매한다. 개인 별 고객이 여행을 취소할 확률은 0.02이고, 다른 모든 고객들과 서로 독립이다.
티켓 1장의 가격은 50이고 여행을 취소하면 환불하지 않는다. 만약 여행을 취소한 고객이 한 명도 없고 따라서 버스의 좌석이 모자라면, 어느 한 명의 고객에게 100(=티켓의 가격 + 벌금)을 환불해주고 여행을 취소하게 한다.

이 여행사를 운영하는 기사의 기대수익은 얼마인가?

[풀이]. X를 여행 기사의 수익이라 하자. 이 문제는 $E[X]$를 계산하는 것이다. 티켓을 구입한 고객 21명 중 한 명도 여행을 취소하지 않고 여행 당일에 나타날 확률은 $(0.98)^{21} = 0.65$이므로, 적어도 한 명이 여행을 취소할 확률은 $1 - 0.65 = 0.35$이다. 그러므로 X는 다음과 같이 주어진다.

$$X = \begin{cases} 950, & \text{21명의 고객 전원이 당일에 나타날 때} \\ 1050 & \text{적어도 한 명이 당일에 나타나지 않을 때,} \end{cases}$$
$$= \begin{cases} 950, & \text{확률 } 0.65 \\ 1050, & \text{확률 } 0.35. \end{cases}$$

그러므로 구하는 기댓값

$$E[X] = (950)(0.65) + (1050)(0.35)$$
$$= 985$$

이다.

문제 2.2.15([4], No. 98). X_1, X_2, X_3를 다음과 같은 확률질량함수

$$p(x) = \begin{cases} \frac{1}{3}, & x = 0, \\ \frac{2}{3}, & x = 1, \\ 0, & \text{그 외에서} \end{cases}$$

를 가지는 분포로부터의 크기 3의 확률표본이라 하자.

$Y = X_1X_2X_3$의 적률생성함수 $M_Y(t)$를 구하여라.

[풀이]. 정의에 의하여, Y는 다음과 같은 값을 가지는 확률변수이다;

$$Y = \begin{cases} 1, & X_1 = X_2 = X_3 = 1 \quad \text{일 때} \\ 0 & \text{그 외일 때,} \end{cases}$$
$$= \begin{cases} 1 & \text{w.p.} \quad P(X_1 = 1, X_2 = 1, X_3 = 1) = \left(\frac{2}{3}\right)^3 = \frac{8}{27} \\ 0 & \text{w.p.} \quad 1 - \frac{8}{27} = \frac{19}{27}. \end{cases}$$

그러므로 다음과 같은 질량함수를 가진다.

$$p_Y(y) = P(Y = y) = \begin{cases} \frac{19}{27}, & y = 0, \\ \frac{8}{27}, & y = 1, \\ 0 & \text{그 외에서.} \end{cases}$$

그러므로

$$\begin{aligned} M_Y(t) = E\left[e^{tY}\right] &= e^{(t)(0)}\frac{19}{27} + e^{(t)(1)}\frac{8}{27} \\ &= \frac{19}{27} + e^t\frac{8}{27}. \end{aligned}$$

문제 2.2.16([4], No. 100). 어느 자동차 판매원은 하루에 0, 1, 혹은 2대의 고급 자동차를 판매한다. 이 판매원은 자동차를 팔 때, 어떤 확대 보증을 끼워서 팔기 위하여 고객에게 설득한다. X를 주어진 하루 동안 판매한 고급 자동차의 수라 하고, Y를 고객에게 판매한 확대 보증의 수라 하자.

$$\begin{aligned} P(X=0,Y=0) &= \frac{1}{6} \\ P(X=1,Y=0) &= \frac{1}{12} \\ P(X=1,Y=1) &= \frac{1}{6} \\ P(X=2,Y=0) &= \frac{1}{12} \\ P(X=2,Y=1) &= \frac{1}{3} \\ P(X=2,Y=2) &= \frac{1}{6} \end{aligned}$$

X의 분산은 얼마인가?

[풀이]. 분산 $Var(X)$를 구하기 위하여, 확률 $P(X=k)$, $k=1,2,3$를 구해야 한다. 분명히 $P(X=0)=P(X=0,Y=0)=1/6$이다. $X=1$인 경우, 확률은 다음과 같이 계산된다.

$$\begin{aligned} P(X=1) &= P(\{X=1\}\cap S) \\ &= P(\{X=1\}\cap(\{Y=0\}\cup\{Y=1\})) \\ &= P((\{X=1\}\cap\{Y=0\})\cup(\{X=1\}\cap\{Y=1\}))) \\ &= P(\{X=1\}\cap\{Y=0\}) + P(\{X=1\}\cap\{Y=1\}) \\ &= P(X=1,Y=0) + P(X=1,Y=1) \\ &= \frac{1}{12}+\frac{1}{6}=\frac{3}{12}. \end{aligned}$$

같은 방법에 의하여

$$P(X=2) = P(X=2, Y=0) + P(X=2, Y=1) + P(X=2, Y=2)$$
$$= \frac{1}{12} + \frac{1}{3} + \frac{1}{6} = \frac{7}{12}.$$

따라서

$$\begin{aligned} E[X] &= (0)P(X=0) + (1)P(X=1) + (2)P(X=2) \\ &= (0)\left(\frac{1}{6}\right) + (1)\left(\frac{3}{12}\right) + (2)\left(\frac{7}{12}\right) \\ &= \frac{17}{12} \end{aligned}$$

이고

$$\begin{aligned} E[X^2] &= (0)^2P(X=0) + (1)^2P(X=1) + (2)^2P(X=2) \\ &= (0)^2\left(\frac{1}{6}\right) + (1)^2\left(\frac{3}{12}\right) + (2)^2\left(\frac{7}{12}\right) \\ &= \frac{31}{12} \end{aligned}$$

이다. 그러므로

$$Var(X) = \frac{31}{12} - \left(\frac{17}{12}\right)^2 = 0.58.$$

제 2.3 절 특수한 이산확률분포

문제 2.3.1([4], No. 28). 어느 병원의 인플루엔자 백신 탁송화물들 중 1/5은 X회사가 납품하고, 나머지 탁송화물은 여러 다른 회사가 납품한다. 각 탁송화물에는 매우 많은 갯수의 백신 약병이 들어있다.

X회사가 납품한 탁송화물에 대하여, 10%의 약병에 들어있는 백신은 효력이 없다. 다른 여러 회사가 납품한 탁송화물에 대하여, 2%의 약병에 들어있는 백신은 효력이 없다. 이 병원에서 어느 탁송화물에서 랜덤하게 30개의 약병을 선택하여 검사한 결과 한 개의 약병에 들어 있는 백신이 효력이 없었다.

이 탁송화물이 X회사가 납품한 것일 확률은 얼마인가?

[풀이]. C를 X회사가 납품한 탁송화물일 사건이라 하고 I를 검사한 30개의 백신 약병 중 1개가 효력이 없을 사건이라 하자. 이 문제는 $P(C|I)$를 구하는 것이다. 베이즈의 공식에 의하여

$$P(C|I) = \frac{P(I|C)P(C)}{P(I|C)P(C) + P(I|C^c)P(C^c)}.$$

문제의 가정으로부터 $P(C) = 0.2$이고, 따라서 $P(C^c) = 0.8$이다. 분명히

$$P(I|C) = \binom{30}{1}(0.1)^1(1-0.1)^{29} = 0.141$$

이고

$$P(I|C^c) = \binom{30}{1}(0.02)^1(1-0.02)^{29} = 0.334$$

임을 알 수 있다. 그러므로

$$P(C|I) = \frac{(0.141)(0.2)}{(0.141)(0.2) + (0.334)(0.8)} = 0.096.$$

문제 2.3.2([4], No. 30). 한 보험계리사는 보험금을 두 번 청구한 보험고객의 수는 네 번 청구한 보험고객의 수의 세 배가 된다는 사실을 발견하였다.

만약 접수된 보험금청구횟수가 포아송분포를 따른다면, 보험금 청구횟수의 분산은 얼마인가?

[풀이]. N를 접수된 보험금 청구횟수라 하자. 이 문제는 $Var(N)$를 구하는 것이다. 문제의 가정으로부터, 적당한 λ에 대하여, $N \sim P(\lambda)$이다. 즉,

$$p_N(n) = \frac{e^{-\lambda}\lambda^n}{n!}$$

이다. 따라서 정리 2.3.5에 의하여, $Var(N) = E[N] = \lambda$이다. 이 식으로부터 λ를 결정하기만 하면 된다. 문제의 가정 $P(N=2) = 3P(N=4)$을 이용하면,

$$\frac{e^{-\lambda}\lambda^2}{2!} = 3\frac{e^{-\lambda}\lambda^4}{4!}$$

이고 따라서 $\lambda = 2$이다. 그러므로 $Var(N) = 2$이다.

문제 2.3.3([4], No. 32). 자동차 운전 면허증을 취득하고 있는 어느 성인 공동체 중 50%는 위험이 낮은 운전자이고, 30%는 중간 정도의 위험의 운전자이고 나머지 20%는 위험이 큰 운전자이다. 이들 운전자는 자동차 운전 경력의 기록이 없기 때문에, 한 보험회사는 이 공동체에서 랜덤하게 선택된 운전자들이 자기 회사의 보험에 가입할 것이라 생각한다.
이 달 중에 처음으로 운전 면허증을 취득한 4명의 운전자가 보험계약을 하였다.

이들 4명 중 위험이 높은 운전자의 수가 위험이 낮은 운전자의 수보다 적어도 두 명이 더 많을 확률은 얼마인가?

[풀이]. 다음과 같이 두자.

$$X = \text{위험이 낮은 보험계약자의 수}$$

$$Y = \text{위험이 중간 정도인 보험계약자의 수}$$

$$Z = \text{위험이 높은 보험계약자의 수}.$$

이 문제는 $P(Z \geq X + 2)$를 구하는 것이다. 문제의 가정에 의하여

$$(X, Y, Z) \sim M(4; 0.5, 0.3, 0.2)$$

이다. 그러므로 등식 (2.3.7)을 이용하면,

$$\begin{aligned}
&P(Z \geq X + 2) \\
&= P(X = 0, Y = 0, Z = 4) + P(X = 0, Y = 1, Z = 3) \\
&\quad + P(X = 0, Y = 2, Z = 2) + P(X = 1, Y = 0, Z = 3) \\
&= \frac{4!}{0!0!4!}(0.5)^0(0.3)^0(0.2)^4 + \frac{4!}{0!1!3!}(0.5)^0(0.3)^1(0.2)^3 \\
&\quad + \frac{4!}{0!2!2!}(0.5)^0(0.3)^2(0.2)^2 + \frac{4!}{1!0!3!}(0.5)^1(0.3)^0(0.2)^3 \\
&= 0.0488.
\end{aligned}$$

문제 2.3.4([4], No. 39). 어느 회사는 아래의 가정에 따른 돌풍에 의한 손실을 대비하여 보험에 가입한다:

(i) 임의의 해에, 많아야 한 번의 돌풍이 있다.

(ii) 임의의 해에, 돌풍이 있을 확률은 0.05이다.

(iii) 어느 해의 돌풍의 횟수는 다른 해의 돌풍의 횟수와 독립이다.

이 회사의 가정을 이용하여, 어느 20년 동안의 돌풍의 횟수가 3보다 적을 확률을 계산하여라.

[풀이]. X를 주어진 20년 동안의 돌풍의 횟수라 하자. 이 문제는 $P(X<3)$를 구하는 것이다. 회사의 가정에 의하여, $X \sim B(20, 0.05)$이다. 그러므로

$$\begin{aligned}
&P(X<3)\\
&= P(X=0)+P(X=1)+P(X=2)\\
&= \binom{20}{0}(0.05)^0(0.95)^{20} + \binom{20}{1}(0.05)^1(0.95)^{19} + \binom{20}{2}(0.05)^2(0.95)^{18}\\
&= (1)(0.05)^0(0.95)^{20} + (20)(0.05)(0.95)^{19} + (190)(0.05)^2(0.95)^{18}\\
&= 0.925
\end{aligned}$$

문제 2.3.5([4], No. 41). 진행 중인 어느 연구에서, 각각 열 명씩으로 구성된 두 개의 독립인 그룹에 소속한 사람의 건강을 일 년 동안 관찰하고 있다. 연구에 참여한 사람이 연구를 마치기 전에 낙오할 확률은(다른 참여자와는 독립적으로) 0.2이다.

둘 중 오직 한 그룹(둘 다가 아닌)에서 연구를 완전히 마칠 때까지 남은 사람의 수가 적어도 9명이 될 확률은 얼마인가?

[풀이]. 다음과 같이 두자.

X = 그룹 I에서 연구를 완전히 마칠 때까지 남은 사람의 수

Y = 그룹 II에서 연구를 완전히 마칠 때까지 남은 사람의 수.

이 문제는 $P(\{X \geq 9, Y < 9\} \cup \{X < 9, Y \geq 9\})$를 계산하는 것이다. 가정에 의하면, $X, Y \sim B(10, 0.8)$이고 이들은 서로 독립이다. 따라서

$$\begin{aligned}
&P(\{X \geq 9, Y < 9\} \cup \{X < 9, Y \geq 9\}) \\
&= P(X \geq 9, Y < 9) + P(X < 9, Y \geq 9) \\
&= 2P(X \geq 9, Y < 9) \\
&= 2P(X \geq 9)P(Y < 9) \\
&= 2P(X \geq 9)P(X < 9) \\
&= 2P(X \geq 9)(1 - P(X \geq 9)).
\end{aligned}$$

$X \sim B(10, 0.8)$이므로, 등식 (2.3.3)에 의하여,

$$\begin{aligned}
P(X \geq 9) &= P(X = 9) + P(X = 10) \\
&= \binom{10}{9}(0.8)^9(0.2)^1 + \binom{10}{10}(0.8)^{10}(0.2)^0 \\
&= 0.376.
\end{aligned}$$

그러므로

$$\begin{aligned}
&P(\{X \geq 9, Y < 9\} \cup \{X < 9, Y \geq 9\}) \\
&= (2)(0.376)(1 - 0.376) \\
&= 0.469.
\end{aligned}$$

문제 2.3.6([4], No. 43). 어느 회사는 공장에서 발생하는 사고를 보상받기 위하여 보험을 계약한다. 임의로 주어진 한 달 동안 한 번 이상의 사고가 발생할 확률은 3/5이다. 임의로 주어진 한 달 동안 발생하는 사고의 횟수는 다른 한 달 동안 발생하는 사고의 횟수와 독립이다.

네 번째로 적어도 한 번 사고가 발생한 달의 전에 사고가 발생하지 않는 달의 수가 적어도 4가 될 확률을 계산하여라.

[풀이]. 한 번 이상 사고가 발생한 달을 성공으로 간주하고, X를 4번째 성공 전 실패의 수라 하자. 이 문제는 $P(X \geq 4)$를 구하는 것이다. 문제의 조건에 의

하여,

$$X \sim NB\left(4, \frac{2}{5}\right).$$

등식 (2.3.4)에 의하여, X의 확률질량함수는 다음과 같다.

$$p_X(k) = P(X = k) = \binom{k+4-1}{k}\left(\frac{3}{5}\right)^4\left(\frac{2}{5}\right)^k.$$

그러므로

$$\begin{aligned} P(X \geq 4) &= 1 - P(X \leq 3) \\ &= 1 - \{P(X=0) + P(X=1) + P(X=2) + P(X=3)\} \\ &= 1 - \left\{\binom{3}{0}\left(\frac{3}{5}\right)^4\left(\frac{2}{5}\right)^0 + \binom{4}{1}\left(\frac{3}{5}\right)^4\left(\frac{2}{5}\right)^1\right. \\ &\qquad \left. + \binom{5}{2}\left(\frac{3}{5}\right)^4\left(\frac{2}{5}\right)^2 + \binom{6}{3}\left(\frac{3}{5}\right)^4\left(\frac{2}{5}\right)^3\right\} \\ &= 0.2898. \end{aligned}$$

문제 2.3.7([4], No. 50). 어느 회사는 휴업을 해야할 정도의 폭설로 인한 수익의 감소를 대비하여 보험을 계약한다. 이 보험은 그 해의 첫 폭설이 내린 경우는 보험금을 지불하지 않는다. 그 이후부터 연말까지 폭설이 내릴 때마다 보험금 10,000을 지불한다. 일 년 동안 휴업해야 할 정도의 폭설이 내리는 횟수는 평균 1.5인 포아송분포를 따른다고 가정한다.

이 보험계약에 따라서, 일 년 동안 이 회사에 지불해야 하는 보험금액의 기댓값은 얼마인가?

[풀이]. 다음과 같이 두자.

N = 일 년 동안 휴업해야 할 정도의 폭설이 내리는 횟수

X = 일 년 동안 이 회사에 지불해야 하는 보험금액.

이 문제는 $E[X]$를 구하는 것이다. 문제의 가정에 의하여, $N \sim P(1.5)$, 즉,

$$p_N(n) = \frac{(1.5)^n e^{-1.5}}{n!}$$

이고

$$X = g(N) = \begin{cases} 0, & N = 0, \\ 10,000(N-1), & N = 1, 2, 3, \cdots \end{cases}$$

이다. 따라서

$$\begin{aligned} E[X] = E[g(N)] &= \sum_{n=0}^{\infty} g(n) p_N(n) \\ &= \sum_{n=1}^{\infty} 10,000(n-1) \frac{(1.5)^n e^{-1.5}}{n!} \\ &= 10,000e^{-1.5} + \sum_{n=0}^{\infty} 10,000(n-1) \frac{(1.5)^n e^{-1.5}}{n!} \\ &= 10,000e^{-1.5} + E[10,000(N-1)] \\ &= 10,000e^{-1.5} + 10,000E[N] - 10,000. \end{aligned}$$

여기서 $N \sim P(1.5)$이므로, 정리 2.3.5에 의하여, $E[N] = 1.5$임을 알 수 있다. 그러므로

$$E[X] = 10,000e^{-1.5} + (10,000)(1.5) - 10,000 = 7,231.$$

문제 2.3.8([4], No. 67). 어느 야구팀은 4월 1일에 개막전을 예정하고 있다. 만약 4월 1일에 비가 오면, 개막전을 연기하여 비가 오지 않는 다음 날에 치를 예정이다. 이 야구팀은 비가 올 것을 대비하여 보험을 계약한다. 보험회사는 개막전을 연기할 때마다 보험금 1,000씩 2회까지 지불한다.
보험회사는 4월 1일부터 시작하여 연속적으로 비가 내리는 날의 수는 평균 0.6인 포아송분포를 따른다고 가정한다.

보험회사가 야구팀에게 지불해야 하는 보험금의 표준편차는 얼마인가?

[풀이]. 다음과 같이 두자.

X = 4월 1일부터 시작하여 연속적으로 비가 내리는 날의 수

Y = 보험회사가 야구팀에게 지불해야 하는 보험금.

이 문제는 $\sqrt{Var(Y)}$를 구하는 것이다. 정리의 가정에 의하여 $X \sim P(0.6)$, 즉,

$$p_X(k) = \frac{(0.6)^k e^{-0.6}}{k!}$$

이고

$$Y = g(X) = \begin{cases} 1,000X, & X = 1, 2, \\ 2,000, & X = 3, 4, \cdots \end{cases}$$

이다. 따라서

$$\begin{aligned} E[Y] &= E[g(X)] \\ &= \sum_{k=0}^{\infty} g(k) p_X(k) \\ &= (1,000)(1)\frac{e^{-0.6}(0.6)^1}{1!} + (1,000)(2)\frac{e^{-0.6}(0.6)^2}{2!} \\ &\quad \left\{+2,000\frac{e^{-0.6}(0.6)^3}{3!} + 2,000\frac{e^{-0.6}(0.6)^4}{4!} + \cdots\right\} \\ &= 1,000\frac{e^{-0.6}(0.6)^1}{1!} + 2,000\left\{\sum_{k=2}^{\infty}\frac{e^{-0.6}(0.6)^k}{k!}\right\} \\ &= 1,000\frac{e^{-0.6}(0.6)^1}{1!} + 2,000\left\{\sum_{k=0}^{\infty}\frac{e^{-0.6}(0.6)^k}{k!} - e^{-0.6} - 0.6e^{-0.6}\right\} \\ &= 1,000\frac{e^{-0.6}(0.6)^1}{1!} + 2,000\left\{1 - e^{-0.6} - 0.6e^{-0.6}\right\} \\ &= 573 \end{aligned}$$

이고, 같은 방법에 의하여

$$\begin{aligned} E[Y^2] &= E[g(X)^2] \\ &= \sum_{k=0}^{\infty} g(k)^2 p_X(k) \\ &= (1,000)^2\frac{e^{-0.6}(0.6)^1}{1!} + (2,000)^2\left\{1 - e^{-0.6} - 0.6e^{-0.6}\right\} \\ &= 816,893. \end{aligned}$$

그러므로 다음 결과를 얻는다.

$$\sqrt{Var(Y)} = \sqrt{816,893 - 573^2} = \sqrt{488,564} = 699.$$

제 2.4 절 특수한 연속확률분포

문제 2.4.1([4], No. 18). 실제 높이 h인 어느 탑의 높이를 재기 위하여 두 종류의 도구를 사용한다. 둘 중 덜 정확한 도구에 의한 오차는 평균이 0이고 표준편차가 $0.0056h$인 정규분포를 따른다. 더 정확한 도구에 의한 오차는 평균이 0이고 표준편차가 $0.0044h$인 정규분포를 따른다.

두 개의 측정값이 서로 독립인 확률변수라 할 때, 두 개의 오차의 평균값이 탑의 높이의 $0.005h$ 이내에 들어갈 확률은 얼마인가?

[**풀이**]. X_1과 X_2를 각각 덜 정확한 도구와 더 정확한 도구로 측정할 때 만들어진 오차라 하자. 그리고 다음과 같이 두자.

$$Y = \frac{X_1 + X_2}{2}.$$

이 문제는 $P(|Y| \le 0.005h)$를 구하는 것이다. 가정에 의하여,

$$X_1 \sim N\left(0, (0.0056h)^2\right) \quad \text{이고} \quad X_2 \sim N\left(0, (0.0044h)^2\right).$$

따라서

$$E[Y] = \frac{1}{2}(E[X_1] + E[X_2]) = 0$$

이고

$$\begin{aligned} Var(Y) &= \frac{1}{4}\{Var(X_1) + Var(X_2)\} \\ &= \frac{1}{4}\{(0.0056h)^2 + (0.0044h)^2\} \\ &= (0.0028h)^2 + (0.0022h)^2 \\ &= (0.00356h)^2 \end{aligned}$$

이다. 참고 2.4.10에 의하여,

$$Y \sim N\left(0, (0.00356h)^2\right).$$

표준정규분포표를 이용하면, 다음과 같이 답을 얻는다.

$$\begin{aligned}
P(|Y| \le 0.005h) &= P(-0.005h \le Y \le 0.005h) \\
&= 2P(Y \le 0.005h) - 1 \\
&= 2P\left(\frac{Y}{0.00356h} \le \frac{0.005h}{0.00356h}\right) - 1 \\
&= 2P\left(\frac{Y}{0.00356h} \le 1.4\right) - 1 \\
&= 2\Phi(1.4) - 1 \\
&= (2)(0.9192) - 1 \\
&= 0.84.
\end{aligned}$$

문제 2.4.2([4], No. 29). 연초부터 시작하여 위험이 큰 운전자가 사고를 일으킨 시점까지 경과한 날의 수는 지수분포를 따른다. 어느 보험회사는 위험이 큰 운전자들의 30%가 그 해의 첫 50일 동안에 사고를 일으킨다고 예상하고 있다.

이 해의 첫 80일 동안에 사고를 일으킬 것으로 예상되는 위험이 큰 운전자들의 비율은 얼마인가?

[풀이]. T를 연초부터 시작하여 위험이 큰 운전자가 사고를 일으킨 시점까지 경과한 날의 수라 하자. 이 문제는 $P(T \le 80)$를 계산하는 것이다. 문제에서 다음 조건들이 주어져 있다.

(i) 적당한 $\lambda > 0$ 에 대하여, $T \sim E(\lambda)$, 즉, $f_T(t) = \lambda e^{-\lambda t}$,

(ii) $P(T \le 50) = 0.3$.

(i)과 (ii)를 이용하여 λ를 결정하자.

$$\begin{aligned}
0.3 &= P(T \le 50) \\
&= \int_0^{50} f_T(t)dt \\
&= \int_0^{50} \lambda e^{-\lambda t} dt \\
&= \left[-e^{-\lambda t}\right]_{t=0}^{t=50} = 1 - e^{-50\lambda}.
\end{aligned}$$

이 식으로부터

$$e^{-50\lambda} = 0.7 \quad \text{or} \quad -50\lambda = \ln(0.7)$$

이고, 따라서

$$\lambda = -\frac{1}{50}\ln(0.7).$$

그러므로

$$\begin{aligned} P(T \le 80) &= \int_0^{80} \lambda e^{-\lambda t} dt = 1 - e^{-80\lambda} \\ &= 1 - e^{-\frac{80}{50}\ln(0.7)} = 1 - (0.7)^{1.6} = 0.435. \end{aligned}$$

문제 2.4.3([4], No. 42). 회사 A로부터 다음 한 해 동안 60%의 기회로 보험금을 청구하지 않는다. 만약 한 번 이상의 보험금을 청구하면, 보험금의 합계는 평균이 10,000이고 표준편차가 2,000인 정규분포를 따른다.
회사 B로부터 다음 한 해 동안 70%의 기회로 보험금을 청구하지 않는다. 만약 한 번 이상의 보험금을 청구하면, 보험금의 합계는 평균이 9,000이고 표준편차가 2,000인 정규분포를 따른다.
두 회사 각각의 보험금의 합계는 서로 독립이라 가정한다.

다음 한 해 동안에 회사 B의 보험금의 합계가 회사 A의 보험금의 합계를 초과할 확률은 얼마인가?

[풀이]. 다음과 같이 두자.

M_A = 회사 A가 보험금을 청구할 사건

M_B = 회사 B가 보험금을 청구할 사건

X_A = 회사 A가 보험금을 한 번 이상 청구한다면, 보험금의 합계

X_B = 회사 B가 보험금을 한 번 이상 청구한다면, 보험금의 합계.

이 문제는 $p = P((M_A^c \cap M_B) \cup \{(M_A \cap M_B) \cap (X_A < X_B)\})$를 구하는 것이다.

가정에 의하여,

$$P(M_A^c) = 0.6 \quad P(M_A) = 0.4 \quad X_A \sim N(10,000, 2,000^2)$$

$$P(M_B^c) = 0.7 \quad P(M_B) = 0.3 \quad X_B \sim N(9,000, 2,000^2).$$

M_A와 M_B가 서로 독립이므로,

$$\begin{aligned} p &= P((M_A^c \cap M_B) \cup \{(M_A \cap M_B) \cap (X_A < X_B)\}) \\ &= P(M_A^c)P(M_B) + P(M_A)P(M_B)P(X_A < X_B) \\ &= (0.6)(0.3) + (0.4)(0.3)P(X_B - X_A > 0). \end{aligned}$$

여기서 $P(X_B - X_A > 0)$를 구해야 한다. X_A와 X_B가 독립이므로,

$$E[X_B - X_A] = E[X_B] - E[X_A] = 9,000 - 10,000 = -1,000$$

이고

$$\begin{aligned} Var(X_B - X_A) &= Var(X_B) + Var(-X_A)\} \\ &= 2,000^2 + (-1)^2(2,000)^2 \\ &= (2,000\sqrt{2})^2 \end{aligned}$$

이다. 참고 2.4.10을 이용하면,

$$X_B - X_A \sim N\left(-1,000, (2,000\sqrt{2})^2\right).$$

표준정규분포표로부터,

$$\begin{aligned} P(X_B - X_A > 0) &= 1 - P(X_B - X_A < 0) \\ &= 1 - P\left(\frac{X_B - X_A + 1,000}{2,000\sqrt{2}} \le \frac{1,000}{2,000\sqrt{2}}\right) \\ &= 1 - P\left(\frac{X_B - X_A + 1,000}{2,000\sqrt{2}} \le \frac{1}{2\sqrt{2}}\right) \\ &= 1 - \Phi\left(\frac{1}{2\sqrt{2}}\right) = 1 - \Phi(0.354) \\ &= 1 - 0.638 = 0.362. \end{aligned}$$

그러므로 다음과 같은 결과를 얻는다.

$$\begin{aligned} p &= (0.6)(0.3) + (0.4)(0.3)P(X_B - X_A > 0) \\ &= (0.6)(0.3) + (0.4)(0.3)(0.362) = 0.223. \end{aligned}$$

문제 2.4.4([4], No. 46). 지진활동을 연속적으로 측정하여 기록하는 장치가 외딴 지역에 설치되어 있다. 이 장치가 고장날 때까지의 시간 T가 평균 3년인 지수분포를 따른다. 이 장치를 설치한 첫 2년간은 고장여부를 관찰하지 않는다면, 고장이 발견될 때까지의 시간은 $X = \max(T, 2)$이다.

이때 $E[X]$를 구하여라.

[풀이]. 가정에 의하여 $T \sim E\left(\frac{1}{3}\right)$이므로, 확률밀도함수는

$$f_T(t) = \begin{cases} \frac{1}{3}e^{-\frac{1}{3}t}, & t > 0 \\ 0, & \text{그 외에서} \end{cases}$$

이다. 그리고

$$X = g(T) = \max(T, 2) = \begin{cases} 2, & 0 < T < 2 \\ T, & T \geq 2, \end{cases}$$

이므로, 다음과 같이 계산된다.

$$\begin{aligned} E[X] &= E[g(T)] \\ &= \int_{-\infty}^{\infty} g(t) f_T(t) dt \\ &= \int_0^2 (2) \left(\frac{1}{3}\right) e^{-\frac{1}{3}t} dt + \int_2^{\infty} t \left(\frac{1}{3}\right) e^{-\frac{1}{3}t} dt \\ &= -2e^{-\frac{2}{3}} + 2 + \left[-te^{-\frac{t}{3}}\right]_2^{\infty} + \int_2^{\infty} e^{-\frac{1}{3}t} dt \\ &= 2 + 3e^{-\frac{2}{3}}. \end{aligned}$$

문제 2.4.5([4], No. 47). 어느 한 장비가 빠른 시일에 고장날 것을 대비하여 보험에 가입하려고 한다. 이 장비의 구입한 날로부터 고장난 날까지의 시간은 평균 10년의 지수분포를 따른다. 보험회사는 이 장비가 첫 해 동안에 고장이 나면 보험금 x를 지불하고, 만약 둘 째 혹은 셋 째 해에 고장이 나면 보험금 $0.5x$를 지불한다. 만약 처음 3년이 지나서 고장이 나면 보험금은 지불하지 않는다.

이 보험계약에 따라서 보험금의 기댓값이 1,000이 되려면, x의 값이 얼마여야 하는가?

[풀이]. T를 장비의 구입일로부터 고장이 날 때까지의 시간이라 하고 X를 T에 대한 보험금이라 하자. 주어진 조건에 의하여 $T \sim E\left(\frac{1}{10}\right)$, 즉,

$$f_T(t) = \begin{cases} \frac{1}{10}e^{-\frac{1}{10}t}, & t > 0 \\ 0, & \text{그 외에서} \end{cases}$$

그리고

$$X = g(T) = \begin{cases} x, & 0 \le T \le 1 \\ x/2, & 1 < T \le 3 \\ 0, & T > 3. \end{cases}$$

이 문제는 $E[X] = 1,000$를 만족하는 x를 구하는 것이다. $E[X] = 1,000$이므로, 다음 식을 얻는다.

$$\begin{aligned} 1,000 = E[X] = E[g(T)] &= \int_{-\infty}^{\infty} g(t) f_T(t) dt \\ &= \int_0^1 (x)\left(\frac{1}{10}\right) e^{-\frac{1}{10}t} dt + \int_1^3 \left(\frac{x}{2}\right)\left(\frac{1}{10}\right) e^{-\frac{1}{10}t} dt \\ &= 0.1772x. \end{aligned}$$

그러므로 $x = 5644$이다.

문제 2.4.6([4], No. 70). 한 보험회사가 보험계약자에 의해 발생한 손실에 대하여 보험공제액 100을 초과하는 손실금액을 보상하는 자동차 보험상품을 팔고 있다. 발생한 손실금액은 평균 300인 지수분포를 따른다.

보험공제액을 초과하는 실제 손실금액의 95퍼센트점은 얼마인가?

[풀이]. X를 실제로 발생한 손실금액이라 하자.문제의 조건에 의하여, $X \sim E\left(\frac{1}{300}\right)$이다. 이 문제는

$$P(X \le x | X > 100) = 0.95$$

를 만족하는 x의 값을 구하는 것이다. 조건부확률의 정의에 의하여,

$$\begin{aligned}0.95 = P(X \le x | X > 100) &= \frac{P(100 < X \le x)}{P(X > 100)} \\ &= \frac{P(X \le x) - P(X \le 100)}{1 - P(X \le 100)} = \frac{F_X(x) - F_X(100)}{1 - F_X(100)} \\ &= \frac{(1 - e^{-x/300}) - (1 - e^{-100/300})}{1 - (1 - e^{-100/300})} \\ &= 1 - e^{1/3} e^{-x/300}.\end{aligned}$$

그러므로

$$e^{-x/300} = 0.05 e^{-1/3}$$

이고, 따라서

$$x = -300 \ln \left(0.05 e^{-1/3} \right) = 999.$$

문제 2.4.7([4], No. 72). 어느 투자 계정은 구간 (0.04, 0.08)에서 균등분포를 따르는 이자율 R로 수익을 얻는다. 초기자산 10,000을 이 계정에 투자하면 일 년 후에는 $V = 10,000e^R$로 불어난다.

식 $0 < F_V(v) < 1$를 만족하는 v의 값에 대하여, V의 누적분포함수 $F_V(v)$를 구하여라.

[풀이]. 문제의 조건에 따라서 $R \sim U(0.04,\ 0.08)$이므로, 확률밀도함수는 다음과 같이 주어진다.

$$f_R(r) = \begin{cases} \frac{1}{0.08 - 0.04} = \frac{1}{0.04}, & t \in (0.04,\ 0.08) \\ 0, & \text{그 외에서,} \end{cases}$$

그러므로

$$
\begin{aligned}
F_V(v) &= P(V \le v) = P(10,000e^R \le v) \\
&= P\left(e^R \le \frac{v}{10,000}\right) = P\left[R \le \ln\left(\frac{v}{10,000}\right)\right] \\
&= P(R \le \ln v - \ln 10,000) \\
&= \int_{0.04}^{\ln v - \ln 10,000} \frac{1}{0.04} dr \\
&= \left[\frac{r}{0.04}\right]_{r=0.04}^{r=\ln v - \ln 10,000} \\
&= 25\left[\ln\left(\frac{v}{10,000}\right) - 0.04\right].
\end{aligned}
$$

문제 2.4.8([4], No. 73). 어느 보험계리사가 어떤 장치의 수명을 확률변수 $Y = 10X^{0.8}$로 모델링하였다. 단, X는 평균 1년의 지수분포를 가지는 확률변수이다.

확률변수 Y의 확률밀도함수 $f_Y(y)$, $y > 0$를 구하여라.

[풀이]. 문제의 조건에 따라서 $X \sim E(1)$이므로, X의 분포함수 $F_X(x)$는 다음과 같다.

$$
F_X(x) = 1 - e^{-x}.
$$

따라서

$$
\begin{aligned}
F_Y(y) &= P(Y \le y) = P(10X^{0.8} \le y) \\
&= P\left(X \le \left(\frac{y}{10}\right)^{1.25}\right) \\
&= F_X\left(\left(\frac{y}{10}\right)^{1.25}\right) = 1 - \exp\left\{-\left(\frac{y}{10}\right)^{1.25}\right\}.
\end{aligned}
$$

그러므로

$$
\begin{aligned}
f_Y(y) = F_Y'(y) &= (1.25)\left(\frac{1}{10}\right)\left(\frac{y}{10}\right)^{0.25} \exp\left\{-\left(\frac{y}{10}\right)^{1.25}\right\} \\
&= (0.125)\left(\frac{y}{10}\right)^{0.25} \exp\left\{-\left(\frac{y}{10}\right)^{1.25}\right\}.
\end{aligned}
$$

문제 2.4.9([4], No. 74). T를 한 명의 고객 서비스 담당자가 10건의 전화문의에 응답하는데 걸리는 시간(단위: 분)이라 하자. T는 끝점이 8분과 12분인 구간에서 균등분포를 따른다고 한다. R을 한 명의 고객 서비스 담당자에게 1분당 전화로 문의하는 고객의 수라 하자.

구간 (10/12, 10/8)에서 확률변수 R의 확률밀도함수 $f_R(r)$을 구하여라.

[풀이]. 문제의 조건에 따라서 $T \sim U(8, 12)$이다. 즉, 구간 (8,12)에서 $f_T(t) = 1/4$이고 $R = 10/T$이다. 따라서

$$\begin{aligned} F_R(r) &= P(R \leq r) = P\left(\frac{10}{T} \leq r\right) = P\left(T \geq \frac{10}{r}\right) \\ &= 1 - P\left(T \leq \frac{10}{r}\right) \\ &= 1 - F_T\left(\frac{10}{r}\right). \end{aligned}$$

그러므로

$$\begin{aligned} f_R(r) &= F_R'(r) = \left(1 - F_T\left(\frac{10}{r}\right)\right)' \\ &= -F_T'\left(\frac{10}{r}\right)\left(\frac{-10}{r^2}\right) = -f_T\left(\frac{10}{r}\right)\left(\frac{-10}{r^2}\right) \\ &= -\left(\frac{1}{4}\right)\left(\frac{-10}{r^2}\right) \\ &= \frac{5}{2r^2}. \end{aligned}$$

문제 2.4.10([4], No. 80). 한 자선단체는 2,025건의 기부를 받는다. 이들 기부금액은 독립이고 평균이 3,125이고 표준편차가 250인 같은 분포를 가지는 확률변수들이다.

접수된 기부금 총액의 분포에 대한 90퍼센트 점의 근사값을 계산하여라.

[풀이]. 각 $k = 1, 2, \cdots, 2025$에 대하여, X_k를 k번째 접수된 기부금이라 하고 $S = \sum_{k=1}^{2025} X_k$라 두자. 이 문제는 $P(S \leq x) = 0.9$를 만족하는 x를 구하는 것이

다. 각 $k = 1, 2, \cdots, 2025$에 대하여, $E[X_k] = 3,125$이고 $Var(X_k) = 250^2$이므로,

$$E[S] = \sum_{k=1}^{2025} E[X_k] = 2,025 \times 3,125 = 6,328,125$$

이고

$$Var(S) = \sum_{k=1}^{2025} Var(X_k) = 2,025 \times 250^2 = 45^2 \times 250^2$$

이다. 정규확률변수의 표준화에 의하여,

$$Z \equiv \frac{S - E[S]}{\sqrt{Var(S)}} \sim N(0, 1^2).$$

따라서

$$\begin{aligned} 0.9 = P(S \le x) &= P\left(\frac{S - E[S]}{\sqrt{Var(S)}} \le \frac{x - E[S]}{\sqrt{Var(S)}}\right) \\ &= P\left(\frac{S - E[S]}{\sqrt{Var(S)}} \le \frac{x - 6,328,125}{45 \times 250}\right) \\ &= \Phi\left(\frac{x - 6,328,125}{45 \times 250}\right). \end{aligned}$$

여기서 $\Phi(z)$는 $Z \sim N(0, 1^2)$의 확률밀도함수이다. 표준정규분포표에 의하여,

$$\frac{x - 6,328,125}{45 \times 250} = 1.282$$

이고, 이로부터 $x = 6,343,000$를 얻는다.

문제 2.4.11([4], No. 83). 어느 회사가 수명의 평균이 3개월이고 분산이 1개월인 전구를 생산하고 있다. 한 고객이 이 전구를 사용하다가 터지면 연속적으로 교체할 의도로 여러 개를 구입한다. 전구들의 수명은 서로 독립이다.

적어도 40개월 동안 불빛을 밝힐 확률이 적어도 0.9772가 되기 위하여 구입해야 할 최소한의 전구의 갯수는 얼마인가?

[풀이]. 임의의 $i = 1, 2, \cdots$에 대하여, X_i를 i번째 전구의 수명이라 하고

$$S_n = X_1 + X_2 + \cdots + X_n$$

라 두자. 이 문제는 $P(S_n > 40) \geq 0.9772$를 만족하는 최소의 n의 값을 구하는 것이다. 각 $i = 1, 2, \cdots$에 대하여, $X_i \sim N(3, 1^2)$이고 이들이 독립이므로,

$$E[S_n] = \sum_{i=1}^{n} E[X_i] = 3n.$$

이고

$$Var(S) = \sum_{i=1}^{n} Var(X_i) = n$$

이다. 참고 2.4.10에 의하여, $S_n \sim N(3n, n)$임을 알 수 있다. 따라서

$$\begin{aligned} 0.9772 &\leq P(S_n > 40) \\ &= P\left(\frac{S_n - 3n}{\sqrt{n}} > \frac{40 - 3n}{\sqrt{n}}\right) \\ &= 1 - P\left(\frac{S_n - 3n}{\sqrt{n}} \leq \frac{40 - 3n}{\sqrt{n}}\right) \\ &\approx 1 - \Phi\left(\frac{40 - 3n}{\sqrt{n}}\right) \end{aligned}$$

한편, 표준정규분포표를 이용하면, 다음과 같다.

$$0.9772 = \Phi(2) = 1 - \Phi(-2).$$

그러므로

$$1 - \Phi(-2) \leq 1 - \Phi\left(\frac{40 - 3n}{\sqrt{n}}\right),$$

즉,

$$\Phi\left(\frac{40 - 3n}{\sqrt{n}}\right) \leq \Phi(-2)$$

이고, 따라서

$$\frac{40 - 3n}{\sqrt{n}} \leq -2.$$

이것을 고쳐서 쓰면,

$$3n - 2\sqrt{n} - 40 \geq 0$$

혹은

$$(3\sqrt{n} + 10)(\sqrt{n} - 4) \geq 0$$

이다. 이것으로부터, $\sqrt{n} = 4$이고, 따라서 $n = 16$을 얻는다.

문제 2.4.12([4], No. 103). 어느 작은 도시 지역에서, 폭풍, 화재 그리고 도난에 의한 연간 손실들은 서로 독립이고 각각 평균이 1.0, 1.5, 그리고 2.4인 지수분포를 따르는 확률변수들이다.

이들 손실의 최대가 3을 초과할 확률을 구하여라.

[풀이]. 다음과 같이 두자.

$$X = \text{폭풍에 의한 연간 손실}$$
$$Y = \text{화재에 의한 연간 손실}$$
$$Z = \text{도난에 의한 연간 손실}$$
$$M = \max(X, Y, Z).$$

이 문제는 $P(M > 3)$를 계산하는 것이다. 다음 조건들이 주어져 있다.

$$X \sim E\left(\frac{1}{1.0}\right), \quad \text{즉,} \quad F_X(x) = 1 - e^{-\frac{1}{1.0}x},$$
$$Y \sim E\left(\frac{1}{1.5}\right), \quad \text{즉,} \quad F_Y(y) = 1 - e^{-\frac{1}{1.5}y},$$
$$Z \sim E\left(\frac{1}{2.4}\right), \quad \text{즉,} \quad F_Z(z) = 1 - e^{-\frac{1}{2.4}z}.$$

그러므로 다음과 같이 계산된다.

$$\begin{aligned}
P(M > 3) &= 1 - P(M \le 3) \\
&= 1 - P(X \le 3, Y \le 3, Z \le 3) \\
&= 1 - P(X \le 3)P(Y \le 3)P(Z \le 3) \\
&= 1 - FX(3)F_Y(3)F_Z(3) \\
&= 1 - \left\{1 - e^{-\frac{3}{1.0}}\right\}\left\{1 - e^{-\frac{3}{1.5}}\right\}\left\{1 - e^{-\frac{3}{2.4}}\right\} \\
&= 0.414.
\end{aligned}$$

제 3 장

결합분포와 조건부분포

제 3.1 절 결합분포

문제 3.1.1([4], No. 77). 어느 장치는 두 부품 중 어느 하나가 고장이 날 때까지 작동하며 그 이후에는 작동을 멈춘다. 두 부품의 수명의 결합밀도함수는 다음과 같다.

$$f(x,y) = \begin{cases} \frac{x+y}{8}, & 0 < x, y < 2 \\ 0, & \text{그 외에서.} \end{cases}$$

여기서 수명의 단위는 시간이다.

이 장치가 가동한 후 한 시간 이내에 작동을 멈출 확률을 구하여라.

[풀이]. X, Y를 각각 두 부품의 수명이라 하자. 이 문제는 $P(X < 1 \text{ 또는 } Y < 1)$를 구하는 것이다. D를 결합밀도함수 $f(x,y)$의 지지라 하자. 즉, $D = \{(x,y) \mid 0 < x, y < 2\}$. 그러면 $P(X < 1 \text{ 또는 } Y < 1) = P((X,Y) \in A)$이다. 단, $A = \{(x,y) \in D \mid x < 1 \text{ 또는 } y < 1\}$이다. $A = \{(x,y) \mid 0 < x < 1, 0 < y < 2\} \cup \{(x,y) \mid 1 <$

$x < 2, 0 < y < 1\} = A_1 \cup A_2$로 표현되므로,

$$\begin{aligned}
&P(X < 1 \text{ 또는 } Y < 1)\\
&= P((X,Y) \in A_1 \cup A_2)\\
&= P((X,Y) \in A_1) + P((X,Y) \in A_2)\\
&= \int\int_{A_1} f(x,y)dxdy + \int\int_{A_2} f(x,y)dxdy\\
&= \int_0^2 \left[\int_0^1 \frac{1}{8}(x+y)dx\right] dy + \int_0^1 \left[\int_1^2 \frac{1}{8}(x+y)dx\right] dy\\
&= \int_0^2 \left[\frac{x^2+2xy}{16}\right]_0^1 dy + \int_0^1 \left[\frac{x^2+2xy}{16}\right]_1^2 dy\\
&= \int_0^2 \frac{1+2y}{16} dy + \int_0^1 \frac{3+2y}{16} dy\\
&= \frac{1}{16}[y+y^2]_0^2 + \frac{1}{16}[3y+y^2]_0^1\\
&= \frac{10}{16} = 0.625.
\end{aligned}$$

별도의 방법으로 풀어보자. $A^c(= D \cap A^c) = \{(x,y) \in D \mid 1 \le x < 2, 1 \le y < 2\}$이므로 다음과 같이 계산할 수 있다.

$$\begin{aligned}
&P(X < 1 \text{ 또는 } Y < 1)\\
&= 1 - P((X,Y) \in A^c)\\
&= 1 - \int\int_{A^c} f(x,y)dxdy\\
&= 1 - \int_1^2 \left[\int_1^2 \frac{1}{8}(x+y)dx\right] dy\\
&= 1 - \int_1^2 \left[\frac{x^2+2xy}{16}\right]_1^2 dy\\
&= 1 - \int_1^2 \frac{3+2y}{16} dy\\
&= 1 - \frac{1}{16}[3y+y^2]_1^2\\
&= \frac{10}{16} = 0.625.
\end{aligned}$$

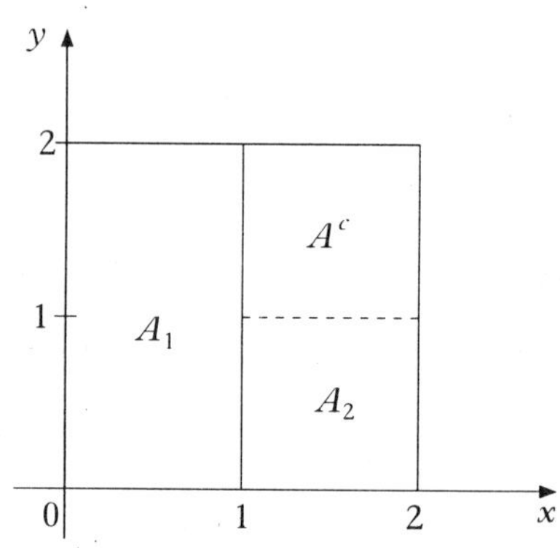

문제 3.1.2([4], No. 88). 모범운전자의 첫 보험금 청구시점까지의 걸리는 대기시간과 난폭운전자의 첫 보험금 청구시점까지의 걸리는 대기시간은 서로 독립이고 이들은 각각 평균 6년과 평균 3년의 지수분포를 따른다.

모범운전자의 첫 보험금 청구가 3년 이내에 접수되고 난폭운전자의 첫 보험금 청구가 2년 이내에 접수될 확률은 얼마인가?

[풀이]. X와 Y를 각각 모범운전자의 첫 보험금 청구시점까지의 걸리는 대기시간과 난폭운전자의 첫 보험금 청구시점까지의 걸리는 대기시간이라 하자. 이 문제는 $P(X \le 3, Y \le 2)$를 구하는 것이다. 다음 조건들이 주어져 있다.

$$\begin{aligned} X &\sim E(1/6), \quad 즉, \quad f_X(x) = \frac{1}{6}e^{-\frac{1}{6}x}, \quad x > 0, \\ Y &\sim E(1/3), \quad 즉, \quad f_Y(y) = \frac{1}{3}e^{-\frac{1}{3}y}, \quad y > 0. \end{aligned}$$

X, Y가 독립이므로,

$$\begin{aligned} P(X \le 3, Y \le 2) &= P(X \le 3)P(Y \le 2) \\ &= \int_0^3 \frac{1}{6}e^{-\frac{1}{6}x}dx \int_0^2 \frac{1}{3}e^{-\frac{1}{3}y}dy \\ &= \left[-e^{-\frac{1}{6}x}\right]_0^3 \left[-e^{-\frac{1}{3}y}\right]_0^2 \\ &= \left(1 - e^{-\frac{1}{2}}\right)\left(1 - e^{-\frac{2}{3}}\right) \\ &= 1 - e^{-\frac{2}{3}} - e^{-\frac{1}{2}} + e^{-\frac{7}{6}}. \end{aligned}$$

문제 3.1.3([4], No. 89). 어느 기계의 두 부품의 여명(단위: 월)의 결합밀도함수가 다음과 같이 주어져 있다:

$$f(x,y) = \begin{cases} \frac{6}{125{,}000}(50 - x - y), & 0 < x < 50 - y < 50 \\ 0, & \text{그 외에서,} \end{cases}$$

지금부터 20개월 후에도 두 부품이 여전히 작동할 확률은 알맞게 표현한 것을 다음 보기 중에서 골라라.

(A) $\frac{6}{125{,}000}\int_0^{20}\int_0^{20}(50 - x - y)dydx$

(B) $\frac{6}{125{,}000}\int_{20}^{30}\int_{20}^{50-x}(50 - x - y)dydx$

(C) $\frac{6}{125{,}000}\int_{20}^{30}\int_{20}^{50-x-y}(50-x-y)dydx$

(D) $\frac{6}{125{,}000}\int_{20}^{50}\int_{20}^{50-x}(50-x-y)dydx$

(E) $\frac{6}{125{,}000}\int_{20}^{50}\int_{20}^{50-x-y}(50-x-y)dydx$

[풀이]. X, Y를 주어진 기계의 두 부품의 여명(단위: 월)이라 하자. 이 문제는 확률 $P(X > 20, Y > 20)$를 알맞게 표현한 식을 찾는 것이다. D를 결합밀도함수 $f(x,y)$의 지지라 하자. 즉, $D = \{(x,y)|0 < x < 50, 0 < y < 50-x\}$라 두자. 그러면 $P(X > 20, Y > 20) = P((X,Y) \in A)$이다. 단, $A = \{(x,y) \in D|x > 20, y > 20\} = \{(x,y)|20 < x < 30, 20 < y < 50-x\}$이다.

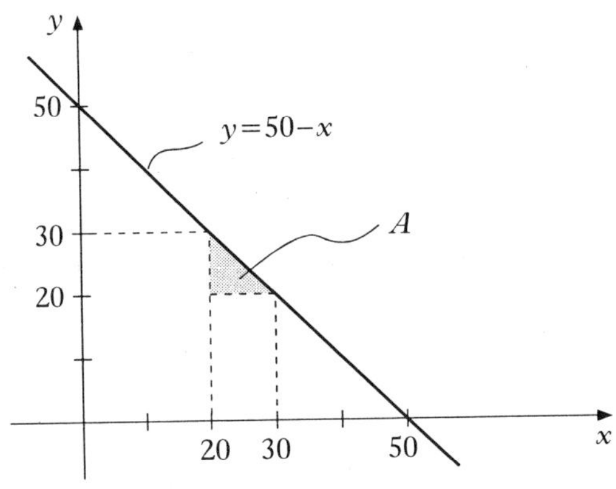

따라서 다음과 같이 계산된다.

$$\begin{aligned} P(X > 20, Y > 20) &= P((X,Y) \in A) \\ &= \int\int_A f(x,y)dxdy \\ &= \int_{20}^{30}\left[\int_{20}^{50-x}\frac{6}{125,000}(50-x-y)dy\right]dx. \end{aligned}$$

그러므로 정답은 (B)이다.

문제 3.1.4([4], No. 90). 어느 보험회사는 '기본급'과 '고급'이라는 두 종류의 자동차 보험증권을 팔고 있다. 기본급 보험 계약자가 다음 번째의 보험금을 청구할 때까지 걸리는 시간은 평균 이틀인 지수분포를 따른다. 고급 보험 계약자가 다음 번째의 보험금을 청구할 때까지 걸리는 시간은 평균 사흘인 지수분포를 따른다. 두 종류의 보험 계약자가 각각 다음 번째의 보험금을 청구할 때까지 걸리는 시간은 서로 독립이다. 이 회사에 다음 번째의 보험금청구가 고급 보험 계약자로부터 접수될 확률은 얼마인가?

[**풀이**]. 다음과 같이 두자.

T_1: 기본급 보험 계약자가 다음 번째의 보험금을 청구할 때까지 걸리는 시간,

T_2: 고급 보험 계약자가 다음 번째의 보험금을 청구할 때까지 걸리는 시간.

이 문제는 $P(T_2 < T_1)$를 구하는 것이다. 다음 조건이 주어져 있다.

$$X \sim E(1/2), \quad 즉, \quad f_{T_1}(t_1) = \frac{1}{2}e^{-\frac{1}{2}t_1}, \quad t_1 > 0,$$
$$Y \sim E(1/3), \quad 즉, \quad f_{T_2}(t_2) = \frac{1}{3}e^{-\frac{1}{3}t_2}, \quad t_2 > 0.$$

두 확률변수 T_1, T_2가 독립이므로, 이들의 결합확률밀도함수는 임의의 $t_1, t_2 > 0$에 대하여 다음과 같이 주어진다.

$$\begin{aligned} f_{T_1,T_2}(t_1,t_2) &= f_{T_1}(t_1)f_{T_2}(t_2) \\ &= \frac{1}{2}e^{-\frac{1}{2}t_1}\frac{1}{3}e^{-\frac{1}{3}t_2} \\ &= \frac{1}{6}e^{-\frac{1}{2}t_1}e^{-\frac{1}{3}t_2}. \end{aligned}$$

D를 결합확률밀도함수 $f_{T_1,T_2}(t_1,t_2)$의 지지라 두자. 즉, $D = \{(t_1,t_2) \mid 0 < t_1, 0 < t_2\}$. 그러면 $P(T_2 < T_1) = P((T_1,T_2) \in A)$이다. 단, $A = \{(t_1,t_2) \in D \mid t_2 < t_1\} = \{(t_1,t_2) \in \mathbf{R}^2 \mid 0 < t_1 < \infty,\ 0 < t_2 < t_1\}$이다. 그러므로

$$\begin{aligned} P(T_2 < T_1) &= P((T_1,T_2) \in A) \\ &= \int\int_A f_{T_1,T_2}(t_1,t_2)dt_1dt_2 \\ &= \int_0^\infty \left[\int_0^{t_1} \frac{1}{6}e^{-\frac{1}{2}t_1}e^{-\frac{1}{3}t_2}dt_2\right] dt_1 \\ &= \int_0^\infty \left[-\frac{1}{2}e^{-\frac{1}{2}t_1}e^{-\frac{1}{3}t_2}\right]_0^{t_1} dt_1 \\ &= \int_0^\infty \left(\frac{1}{2}e^{-\frac{1}{2}t_1} - \frac{1}{2}e^{-\frac{1}{2}t_1}e^{-\frac{1}{3}t_1}\right) dt_1 \\ &= 0.4 \end{aligned}$$

문제 3.1.5([4], No. 91). 한 보험회사에 많은 운전자들이 보험에 가입해 있다. X를 충돌사고보험에 의한 회사의 손실을 나타내는 확률변수라 하고, Y를 책임보험에 의한 회사의 손실이라 하자. X와 Y의 결합확률밀도함수가 다음과 같다고 하자.

$$f_{X,Y}(x,y) = \begin{cases} \frac{2x+2-y}{4}, & 0 < x < 1, \quad 0 < y < 2 \\ 0, & \text{그 외에서.} \end{cases}$$

두 종류의 보험에 의한 회사의 손실의 합이 적어도 1일 확률은 얼마인가?

[**풀이**]. 이 문제는 $P(X+Y \geq 1)$를 계산하는 것이다. D를 결합확률밀도함수 $f_{X,Y}(x,y)$의 지지라 하자. 즉, $D = \{(x,y) \mid 0 < x < 1, 0 < y < 2\}$. 그러면 $P(X+Y \geq 1) = P((X,Y) \in A)$이다. 단, $A = \{(x,y) \in D \mid x+y \geq 1\} = \{(x,y) \mid 0 < x < 1, 1-x_1 \leq y < 2\}$이다. 그러므로

$$\begin{aligned} &P(X+Y \geq 1) \\ &= P((X,Y) \in A) \\ &= \int\int_A f_{X,Y}(x,y)dxdy \\ &= \int_0^1 \left[\int_{-x+1}^2 \frac{2x+2-y}{4} dy\right] dx \\ &= \int_0^1 \left[\frac{1}{2}xy + \frac{1}{2}y - \frac{1}{8}y^2\right]_{-x+1}^2 dx \\ &= \int_0^1 \left(\frac{5}{8}x^2 + \frac{3}{4}x + \frac{1}{8}\right) dx \\ &= \frac{17}{24} \end{aligned}$$

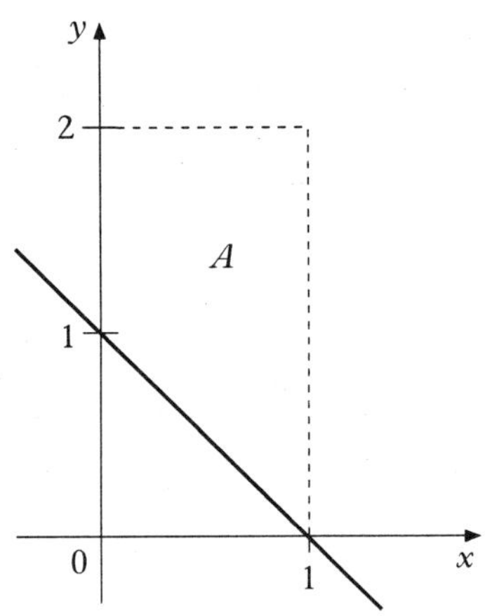

문제 3.1.6([4], No. 92). 두 보험회사가 어느 대기업과의 보험계약을 위한 입찰을 준비하고 있다. 입찰가는 2,000과 2,200의 사이의 가격이다. 이 기업은 두 개의 입찰가의 차이가 20 이상이면 낮은 입찰가를 채택하고, 그렇지 않으면 입찰을 보류하여 유찰시킨다. 두 개의 입찰가는 서로 독립이고, 이들은 2,000부터 2,200까지의 구간에서 균등분포를 따른다고 가정한다.

이 기업이 입찰을 보류하여 유찰시킬 확률을 구하여라.

[풀이]. X와 Y를 두 개의 입찰가를 나타내는 확률변수라 하자. 이 문제는 $P(|X-Y|<20)$를 계산하는 것이다. 문제의 가정에 의하여 X와 Y는 독립이고 $X, Y \sim U(2,000, 2,200)$이다. 즉,

$$f_X(x) = f_Y(y) = \frac{1}{2,200-2,000} = \frac{1}{200}, \quad 2,000 < x, y < 2,200.$$

X와 Y의 결합확률밀도함수는 다음과 같이

$$f_{X,Y}(x,y) = f_X(x)f_Y(y) = \begin{cases} \frac{1}{200^2}, & 2,000 < x, \quad y < 2,200, \\ 0, & \text{그 외에서} \end{cases}$$

에 의해 주어진다. D를 결합확률밀도함수 $f_{X,Y}(x,y)$의 지지라 하자. 즉,

$$D = \{(x,y) \mid 2,000 < x < 2,200, \quad 2,000 < y < 2,200\}.$$

그러면 다음과 같이 쓸 수 있다.

$$P(|X-Y|<20) = P((X,Y) \in A).$$

단,

$$\begin{aligned} A &= \{(x,y) \in D \mid |x-y| < 20\} \\ &= \{(x,y) \mid 2,020 < x < 2,200, x-20 < y < x+20\}. \end{aligned}$$

여기서 A의 보집합 A^c는 다음과 같이 표현된다.

$$\begin{aligned} A^c &= \{(x,y) \mid 2,020 \le x < 2,200, 2,000 < y \le x-20\} \\ &\quad \cup \{(x,y) \mid 2,000 < x \le 2,180, x+20 \le y < 2,200\} \\ &= A_1 \cup A_2. \end{aligned}$$

그러므로 다음과 같이 계산할 수 있다.

$$\begin{aligned}
&P(|X-Y|<20)\\
&=P((X,Y)\in A)\\
&=1-P((X,Y)\in A^c)\\
&=1-\{P((X,Y)\in A_1)+P((X,Y)\in A_2)\}\\
&=1-2P((X,Y)\in A_1)\\
&=1-2\int\int_{A_1} f_{X,Y}(x,y)dxdy\\
&=1-2\int_{2,000}^{2,180}\left[\int_{x+20}^{2,200}\frac{1}{200^2}dy\right]dx\\
&=1-2\int_{2,000}^{2,180}\left[\frac{y}{200^2}\right]_{x+20}^{2,200}dx\\
&=1-\frac{2}{200^2}\int_{2,000}^{2,180}(2,180-x)dx\\
&=1-\left(\frac{180}{200}\right)^2=0.19
\end{aligned}$$

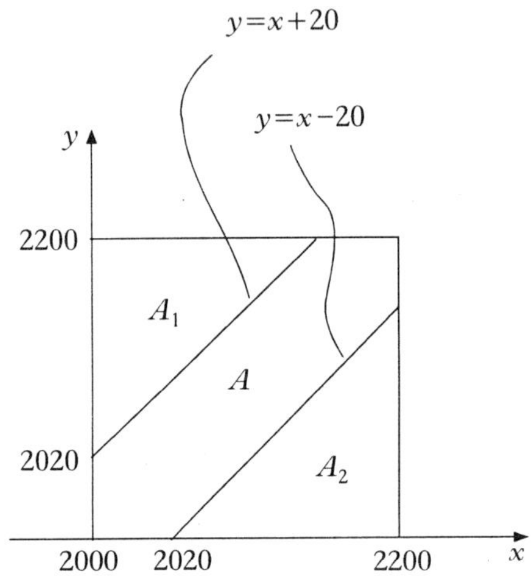

문제 3.1.7([4], No. 94). T_1을 자동차가 사고를 일으킨 시점부터 보험회사에 보험금을 청구한 시점까지 걸리는 시간이라 하자. T_2를 보험회사에 보험금을 청구한 시점부터 보험금을 지불하는 시점까지 걸리는 시간이라 하자. T_1과 T_2의 결합확률밀도함수 , $f_{T_1,T_2}(t_1,t_2)$ 는 다음 영역 $0<t_1<6$, $0<t_2<6$, $t_1+t_2<10$에서 상수이고, 이 영역의 밖에서 0이다.

사고시점부터 보험금지불시점까지의 시간의 기댓값 $E[T_1+T_2]$를 구하여라.

[풀이]. 다음과 같이 두자.

$$\begin{aligned}
D &= f_{T_1,T_2}(t_1,t_2)\text{의 지지}\\
&=\{(t_1,t_2)|0<t_1<6,0<t_2<6,t_1+t_2<10\}.
\end{aligned}$$

주어진 가정에 의하여, 임의의 $(t_1,t_2)\in D$에 대하여,

$$f_{T_1,T_2}(t_1,t_2)=k(=\text{상수})$$

이다. 따라서

$$1 = \int\int_D f_{T_1,T_2}(t_1,t_2)dt_1dt_2 = \int\int_D kdt_1dt_2$$
$$= k(D\text{의 면적}).$$

지지 D는

$$D = \{(t_1,t_2) \mid 0 < t_1 < 4, 0 < t_2 < 6\}$$
$$+ \{(t_1,t_2) \mid 4 \le t_1 < 6, 0 < t_2 < 10 - t_1\}$$
$$= D_1 + D_2,$$

이므로 D의 면적은 $6^2 - (1/2)(2)(2) = 34$이다.

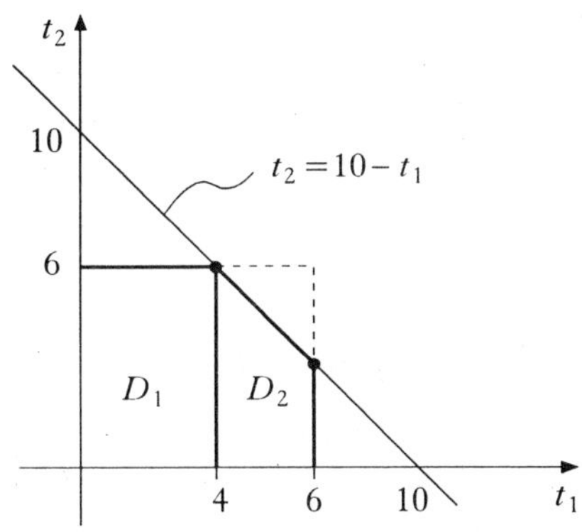

그러므로 $k = 1/34$이고 따라서 $f_{T_1,T_2}(t_1,t_2) = 1/34$이다. 결국

$$E[T_1+T_2] = E[T_1] + E[T_2] = 2E[T_1]$$
$$= 2\int\int_D t_1 f_{T_1,T_2}(t_1,t_2)dt_1dt_2 = 2\int\int_D \frac{t_1}{34}dt_1dt_2$$
$$= 2\left\{\int\int_{D_1} \frac{t_1}{34}dt_1dt_2 + \int\int_{D_2} \frac{t_1}{34}dt_1dt_2\right\}$$
$$= 2\left\{\int_0^4 \left[\int_0^6 \frac{t_1}{34}dt_2\right] dt_1 + \int_4^6 \left[\int_0^{10-t} \frac{t_1}{34}dt_2\right] dt_1\right\}$$
$$= 2\left\{\int_0^4 \frac{3t_1}{17}dt_1 + \int_4^6 \frac{1}{34}(10t_1 - t^2)dt_1\right\}$$
$$= 5.7.$$

문제 3.1.8([4], No. 97). T_1과 T_2를 어떤 전자제품에 연결된 두 부품의 수명을

나타내는 확률변수들이라 하자. T_1과 T_2의 결합확률밀도함수는 영역 $0 \le t_1 \le t_2 \le L$에서 균등분포를 따른다. 단, L은 양의 상수이다.

T_1과 T_2의 제곱의 합의 기댓값을 구하여라.

[풀이]. 이 문제는 $E[T_1^2 + T_2^2]$를 계산하는 것이다.

$$D = \{(t_1, t_2) \mid 0 \le t_1 \le t_2 \le L\} = \{(t_1, t_2) \mid 0 \le t_1 \le L, t_1 \le t_2 \le L\}$$

라 두자. $(T_1, T_2) \sim U(D)$이므로, 이들의 결합확률밀도함수는 다음과 같이 주어진다.

$$\begin{aligned} f_{X,Y}(x,y) &= \begin{cases} 1/(D\text{의 면적}), & (x,y) \in D, \\ 0, & \text{그 외에서} \end{cases} \\ &= \begin{cases} \frac{2}{L^2}, & 0 \le t_1 \le L, t_1 \le t_2 \le L, \\ 0, & \text{그 외에서.} \end{cases} \end{aligned}$$

그러므로

$$\begin{aligned} E[T_1^2 + T_2^2] &= \int\int_D (t_1^2 + t_2^2) f_{T_1,T_2}(t_1, t_2) dt_1 dt_2 \\ &= \int_0^L \left[\int_{t_1}^L (t_1^2 + t_2^2) \frac{2}{L^2} dt_2 \right] dt_1 \\ &= \int_0^L \frac{2}{L^2} \left[t_1^2 t_2 + \frac{1}{3} t_2^3 \right]_{t_1}^L dt_1 \\ &= \int_0^L \frac{2}{L^2} \left(t_1^2 L + \frac{L^3}{3} - \frac{4t_1^3}{3} \right) dt_1 \\ &= \frac{2}{L^2} \left[\frac{t_1^3 L}{3} + \frac{L^3 t_1}{3} - \frac{t_1^4}{3} \right]_0^L \\ &= \left(\frac{2}{L^2} \right) \left(\frac{L^4}{3} \right) = \frac{2}{3} L^2. \end{aligned}$$

문제 3.1.9([4], No. 101). 어느 신상품에 따른 이익은 $Z = 3X - Y - 5$에 의해 주어진다. 여기서 X와 Y는 서로 독립이고 분산이 각각 $Var(X) = 1$과 $Var(Y) = 2$인 확률변수들이다.

Z의 분산은 얼마인가?

[풀이]. 분산의 정의에 의하여 다음 계산을 얻는다.

$$\begin{aligned} Var(Z) &= Var(3X - Y - 5) \\ &= Var(3X - Y) \\ &= Var(3X) + Var(-Y) + 2Cov(3X, -Y) \\ &= 3^2 Var(X) + (-1)^2 Var(Y) + (2)(3)(-1)Cov(X, Y). \end{aligned}$$

여기서 X와 Y가 독립이므로, $Cov(X, Y) = 0$이다. 그러므로

$$Var(Z) = 3^2 Var(X) + (-1)^2 Var(Y) = 9 \times 1 + 2 \times 1 = 11.$$

문제 3.1.10([4], No. 104). 어떤 결합확률밀도함수가 다음과 같이 주어졌다고 하자.

$$f_{X,Y}(x, y) = \begin{cases} kx, & 0 < x < 1, 0 < y < 1, \\ 0, & \text{그 외에서,} \end{cases}$$

단, k는 어떤 상수이다.

$Cov(X, Y)$는 얼마인가?

[풀이]. 이 문제를 풀기 위하여 다음 공식을 이용한다.

$$Cov(X, Y) = E[XY] - E[X]E[Y].$$

$D = \{(x, y) \mid 0 < x < 1, 0 < y < 1\}$라 두자. 결합확률밀도함수의 기본 성질에 의하여,

$$1 = \int\int_D f_{X,Y}(x, y)dxdy = \int_0^1 \int_0^1 kxdxdy = \frac{k}{2},$$

이고 따라서 $k = 2$이다. 그러므로

$$\begin{aligned} E[X] &= \int\int_D x f_{X,Y}(x, y)dxdy \\ &= \int_0^1 \left[\int_0^1 (x)(2x)dy\right] dx \\ &= \int_0^1 \left[\int_0^1 2x^2 dy\right] dx \\ &= \frac{2}{3}, \end{aligned}$$

$$\begin{aligned} E[Y] &= \int_0^1 \left[\int_0^1 (y)(2x)dy\right] dx \\ &= \int_0^1 \left[\int_0^1 2xydy\right] dx = \frac{1}{2} \end{aligned}$$

그리고

$$\begin{aligned} E[XY] &= \int_0^1 \left[\int_0^1 (xy)(2x)dy\right] dx \\ &= \int_0^1 \left[\int_0^1 2x^2ydy\right] dx = \frac{1}{3}. \end{aligned}$$

그러므로

$$Cov(X, Y) = \frac{1}{3} - \left(\frac{2}{3}\right)\left(\frac{1}{2}\right) = 0.$$

문제 3.1.11([4], No. 105). X와 Y를 연속확률변수라 하고 다음과 같은 결합 확률밀도함수를 가진다고 하자.

$$f_{X,Y}(x, y) = \begin{cases} \frac{8}{3}xy, & 0 \le x \le 1, x \le y \le 2x, \\ 0, & \text{그 외에서}. \end{cases}$$

이 때 $Cov(X, Y)$를 계산하여라.

[풀이]. $D = \{(x, y) \mid 0 < x < 1, x < y < 2x\}$라 두자. 그러면

$$\begin{aligned} E[X] &= \int\int_D xf_{X,Y}(x, y)dxdy \\ &= \int_0^1 \left[\int_x^{2x} (x)\left(\frac{8}{3}xy\right) dy\right] dx = \frac{4}{5}, \end{aligned}$$

$$\begin{aligned} E[Y] &= \int\int_D yf_{X,Y}(x, y)dxdy \\ &= \int_0^1 \left[\int_x^{2x} (y)\left(\frac{8}{3}xy\right) dy\right] dx = \frac{56}{45} \end{aligned}$$

그리고

$$\begin{aligned} E[XY] &= \int\int_D xyf_{X,Y}(x, y)dxdy \\ &= \int_0^1 \left[\int_x^{2x} (xy)\left(\frac{8}{3}xy\right) dy\right] dx = \frac{28}{27}. \end{aligned}$$

그러므로

$$Cov(X,Y) = \frac{28}{27} - \left(\frac{4}{5}\right)\left(\frac{56}{45}\right) = 0.04.$$

문제 3.1.12([4], No. 107). X를 외과수술비용 보상 보험금이라 하고 Y를 병원비용 보상 보험금이라 하자. 한 보험계리사가 $E[X] = 5$, $E[X^2] = 27.4$, $E[Y] = 7$, $E[Y^2] = 51.4$, 그리고 $Var(X+Y) = 8$이라는 조건을 가지는 보험모델을 이용하고 있다.
$C_1 = X + Y$를 외과수술비용에 20%의 특별부가금을 적용하기 전에 두 종류의 보험금의 합을 나타내고, C_2를 특별부가금을 적용한 후에 두 종류의 보험금의 합을 나타낸다고 하자.

$Cov(C_1, C_2)$를 계산하여라.

[풀이]. $C_2 = X + 1.2Y$이므로, 공분산의 정의에 의하여

$$\begin{aligned}
&Cov(C_1, C_2)\\
&= Cov(X+Y, X+1.2Y)\\
&= Cov(X,X) + Cov(X,1.2Y) + Cov(Y,X) + Cov(Y,1.2Y)\\
&= Var(X) + 1.2Cov(X,Y) + Cov(Y,X) + 1.2Var(Y)\\
&= Var(X) + 1.2Var(Y) + 2.2Cov(X,Y).
\end{aligned}$$

여기서

$$Var(X) = E[X^2] - E[X]^2 = 27.4 - 5^2 = 2.4$$

이고

$$Var(Y) = E[Y^2] - E[Y]^2 = 51.4 - 7^2 = 2.4$$

이다. 따라서

$$\begin{aligned}
Var(X+Y) &= Var(X) + Var(Y) + 2Cov(X,Y)\\
&= 2.4 + 2.4 + 2Cov(X,Y)\\
&= 4.8 + 2Cov(X,Y).
\end{aligned}$$

가정에 의하여 $Var(X+Y)=8$이므로,

$$8 = 4.8 + 2Cov(X,Y)$$

이고 따라서 $Cov(X,Y)=1.6$이다. 그러므로

$$\begin{aligned} Cov(C_1, C_2) &= Var(X) + 1.2Var(Y) + 2.2Cov(X,Y) \\ &= 2.4 + (1.2)(2.4) + (2.2)(1.6) = 8.8. \end{aligned}$$

문제 3.1.13([4], No. 108). 어느 장치는 두 개의 중요한 부품이 동시에 고장날 때에 고장이 난다. 이들 부품의 각각의 수명 T_1 과 T_2는 서로 독립이고 공통의 확률밀도함수 $f(t)=e^{-t}$, $t>0$를 가진다. 이 장치가 고장이 날때까지 가동하는데 필요한 경비 X는 $2T_1+T_2$와 같다고 한다.

범위 $x>0$에서, X의 확률밀도함수를 구하여라.

[풀이]. T_1과 T_2가 독립이므로, 이들은 다음과 같은 결합확률밀도함수를 가진다.

$$f_{T_1,T_2}(t_1,t_2) = f_{T_1}(t_1)f_{T_2}(t_2) = \begin{cases} e^{-t_1}e^{-t_2}, & 0<t_1, 0<t_2, \\ 0, & \text{그 외에서.} \end{cases}$$

$D=\{(t_1,t_2)|0<t_1,0<t_2\}$라 두자. 그러면

$$\begin{aligned} F_X(x) &= P(X \le x) = P(2T_1 + T_2 \le x) \\ &= P((T_1, T_2) \in A). \end{aligned}$$

단,

$$\begin{aligned} A &= \{(t_1,t_2) \in D \mid 2t_1 + t_2 \le x\} \\ &= \{(t_1,t_2) \mid 0 < t_1 \le 1/2(x-t_2), 0 < t_2 \le x\}. \end{aligned}$$

따라서 임의의 $x>0$에 대하여,

$$\begin{aligned} F_X(x) &= \int\int_A f_{T_1,T_2}(t_1,t_2)dt_1dt_2 \\ &= \int_0^x \left[\int_0^{1/2(x-t_1)} e^{-t_1}e^{-t_2}dt_1 \right] dt_2 \\ &= 1 - 2e^{-x/2} + e^{-x}. \end{aligned}$$

그러므로

$$f_X(x) = F'_X(x) = \left[1 - 2e^{-x/2} + e^{-x}\right]' = e^{-x/2} + e^{-x}.$$

문제 3.1.14([4], No. 109). 한 보험회사가 지진에 의한 손실을 보상하는 보험상품을 제공하고 있다. 연간 보험료는 평균 2인 지수분포를 따르는 확률변수이다. 연간 보험금은 평균 1인 지수분포를 따르는 확률변수이다. 보험료와 보험금은 독립이다. X를 보험료에 대한 보험금의 비율이라 하자.

이 때 X의 확률밀도함수를 구하여라.

[풀이]. U와 V를 각각 연간 보험금과 보험료라 두자. 조건에 의하여 $X = U/V$이고

$$\begin{aligned} &U \sim E(1), \quad 즉, \quad f_U(u) = e^{-u}, \quad u > 0, \\ &V \sim E(1/2), \quad 즉, \quad f_V(v) = \frac{1}{2}e^{-\frac{1}{2}v}, \quad v > 0. \end{aligned}$$

U와 V가 독립이므로, 이들의 결합확률밀도함수는, 임의의 $u, v > 0$에 대하여,

$$f_{U,V}(u,v) = f_U(u)f_V(v) = \frac{1}{2}e^{-u}e^{-\frac{1}{2}v}$$

이다. $D = \{(u,v)|0 < u, 0 < v\}$라 두자. 그러면

$$\begin{aligned} F_X(x) &= P(X \le x) = P\left(\frac{U}{V} \le x\right) \\ &= P((U,V) \in A). \end{aligned}$$

단,

$$\begin{aligned} A &= \{(u,v) \in D | \frac{u}{v} \le x\} \\ &= \{(u,v)|0 < u \le xv, 0 < v < \infty\}. \end{aligned}$$

따라서

$$\begin{aligned} F_X(x) &= \int\int_A f_{U,V}(u,v)dudv \\ &= \int_0^\infty \left[\int_0^{xv} \frac{1}{2}e^{-u}e^{-\frac{1}{2}v}du\right]dv \\ &= \int_0^\infty \left(-\frac{1}{2}e^{-v(x+\frac{1}{2})} + \frac{1}{2}e^{-\frac{v}{2}}\right)dv \\ &= -\frac{1}{2x+1} + 1. \end{aligned}$$

그러므로

$$f_X(x) = F'_X(x) = \left[-\frac{1}{2x+1} + 1\right]' = \frac{2}{(2x+1)^2}.$$

문제 3.1.15([4], No. 117). 한 회사가 농장보험계약에 따라서 폭풍에 의한 손실을 보상하는 보험금을 조사하고 있다. X를 주택의 손상에 대한 보험금의 비율이고 Y를 기타 부동산의 손상에 대한 보험금의 비율이다. X와 Y의 결합확률밀도함수는 다음과 같다.

$$f_{X,Y}(x,y) = \begin{cases} 6[1-(x+y)], & x>0, y>0, x+y<1 \\ 0, & \text{그 외에서.} \end{cases}$$

주택의 손상에 대한 보험금의 비율이 0.2보다 작을 확률을 구하여라.

[풀이]. 이 문제는 $P(X < 0.2)$를 계산하는 것이다. D를 결합확률밀도함수 $f_{X,Y}(x,y)$의 지지라 하자. 즉, $D = \{(x,y) \mid x>0, y>0, x+y<1\} = \{(x,y) \mid 0 < x, 0 < y < -x+1\}$. 그러면 $P(X < 0.2) = P((X,Y) \in A)$이다. 단, $A = \{(x,y) \in$

$D \mid x < 0.2\} = \{(x, y) \mid 0 < x < 0.2, 0 < y < -x+1\}$. 그러므로

$$\begin{aligned} P(X < 0.2) &= \int\int_A f_{X,Y}(x,y)dxdy \\ &= \int_0^{0.2}\left[\int_0^{-x+1} 6[1-(x+y)]dy\right]dx \\ &= 6\int_0^{0.2}\left[y - xy - \frac{1}{2}y^2\right]_0^{-x+1} dx \\ &= 6\int_0^{0.2}\frac{1}{2}(1-x)^2dx \\ &= [-(1-x)^3]_0^{0.2} = -(0.8)^3 + 1 = 0.488. \end{aligned}$$

문제 3.1.16([4], No. 118). X와 Y는 다음과 같은 결합확률밀도함수를 가지는 연속확률변수이다.

$$f_{X,Y}(x,y) = \begin{cases} 15y, & \text{for} \quad x^2 \le y \le x \\ 0, & \text{그 외에서.} \end{cases}$$

Y의 주변확률밀도함수 $f_Y(y)$를 구하여라.

[풀이]. D를 결합확률밀도함수 $f_{X,Y}(x,y)$의 지지라 하자. 그러면

$$\begin{aligned} D &= \{(x,y) \mid x^2 \le y \le x\} \\ &= \{(x,y) \mid 0 \le x \le 1,\ x^2 \le y \le x\} \\ &= \{(x,y) \mid 0 \le y \le 1,\ y \le x \le \sqrt{y}\}. \end{aligned}$$

주변확률밀도함수의 정의에 의하여

$$\begin{aligned} f_Y(y) &= \int_{-\infty}^{\infty} f_{X,Y}(x,y)dx \\ &= \int_y^{\sqrt{y}} 15ydx \\ &= [15yx]_{x=y}^{x=\sqrt{y}} \\ &= 15y(\sqrt{y} - y), \quad 0 \le y \le 1. \end{aligned}$$

문제 3.1.17([4], No. 120). 어떤 보험계약서에 손실 X를 보상하도록 작성되

어 있다. 단, X는 다음과 같은 확률밀도함수를 가진다.

$$f_X(x) = \begin{cases} \frac{3}{8}x^2, & 0 \le x \le 2 \\ 0, & \text{그 외에서.} \end{cases}$$

임의의 $0 \le x \le 2$에 대하여, 규모 x의 보험금청구를 처리하는데 걸리는 시간(단위: 시간)은 x부터 $2x$까지의 구간에서 균등분포를 따른다고 한다.

랜덤하게 선택된 임의의 보험금청구를 처리하는데 걸리는 시간이 세 시간 이상일 확률을 계산하여라.

[풀이]. T를 보험금청구를 처리하는데 걸리는 시간이라 두자. 이 문제는 $P(T \ge 3)$를 계산하는 것이다. 가정에 따라서 T는 X와 독립이고 $T \sim U(x, 2x)$ 즉,

$$f_T(t) = \begin{cases} \frac{1}{2x-x} = \frac{1}{x}, & \text{for} \quad x \le t \le 2x \\ 0, & \text{그 외에서} \end{cases}$$

이다. X와 T가 독립이므로, 이들의 결합확률밀도함수는, 범위 $0 \le x \le 2, x \le t \le 2x$에서,

$$f_{X,T}(x,t) = f_X(x) f_T(t) = \frac{3}{8}x^2 \frac{1}{x} = \frac{3}{8}x$$

이다. D를 $f_{X,T}(x,t)$의 지지, 즉, $D = \{(x,t) \mid 0 \le x \le 2, x \le t \le 2x\}$라 두자. 그러면 $P(T \ge 3) = P((X,T) \in A)$이다. 단,

$$\begin{aligned} A &= \{(x,t) \in D \mid t \ge 3\} \\ &= \{(x,t) \mid 3 \le t \le 4, t/2 < x \le 2\}. \end{aligned}$$

그러므로

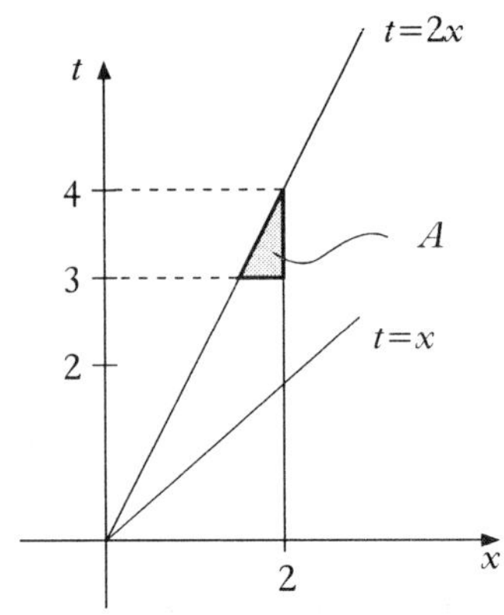

$$\begin{aligned} P(T \ge 3) &= \int\int_A f_{X,T}(x,t)\,dxdt \\ &= \int_3^4 \left[\int_{t/2}^2 \frac{3}{8} x\,dx \right] dt \\ &= \int_3^4 \left(\frac{12}{16} - \frac{3}{64}t^2 \right) dt \\ &= \frac{11}{64}. \end{aligned}$$

문제 3.1.18([4], No. 121). X를 자동차 사고에 연루된 어느 보험가입 자동차의 나이를 나타낸다고 하자. Y를 자동차 주인이 보험에 가입한 시점부터 사고에 연루된 시점까지의 기간을 나타낸다고 하자.
X와 Y는 다음과 같은 결합확률밀도함수를 가진다고 하자.

$$f_{X,Y}(x,y) = \begin{cases} \frac{1}{64}(10 - xy^2), & 2 \le x \le 10, 0 \le y \le 1 \\ 0, & \text{그 외에서.} \end{cases}$$

사고에 연루된 보험가입 자동차의 나이의 기댓값을 계산하여라.

[풀이]. $E[X]$를 구하면 된다. 이를 위하여 X의 주변확률밀도함수 $f_X(x)$를 구할 필요가 있다.

$$\begin{aligned} f_X(x) &= \int_{-\infty}^{\infty} f_{X,Y}(x,y)dy \\ &= \int_0^1 \frac{1}{64}(10 - xy^2)dy \\ &= \frac{1}{64}\left[10y - \frac{xy^3}{3}\right]_0^1 \\ &= \frac{1}{64}\left(10 - \frac{x}{3}\right). \end{aligned}$$

그러므로

$$\begin{aligned} E[X] &= \int_{-\infty}^{\infty} x f_X(x)dx \\ &= \int_2^{10} x\frac{1}{64}\left(10 - \frac{x}{3}\right)dx \\ &= \frac{1}{64}\int_2^{10}\left(10x - \frac{x^2}{3}\right)dx \\ &= \frac{1}{64}\left[5x^2 - \frac{x^3}{9}\right]_2^{10} \\ &= 5.778. \end{aligned}$$

별도의 방법으로, 이 문제를 X의 주변확률밀도함수 $f_X(x)$를 구할 필요없이 문제 3.1.10 혹은 문제 3.1.11의 풀이와 같은 방법으로 풀 수 있다. 즉, $E[X]$는 다음과 같은 공식을 이용하여 직접 계산할 수 있다.

$$E[X] = \int\int_D x f_{X,Y}(x,y)dxdy,$$

단, D는 $f_{X,Y}(x,y)$의 지지이다. 실제로,

$$\begin{aligned}
E[X] &= \int\int_D x f_{X,Y}(x,y)dxdy \\
&= \int_2^{10}\left[\int_0^1 x\frac{1}{64}(10-xy^2)dy\right]dx \\
&= \frac{1}{64}\int_2^{10}\left[\int_0^1 (10x-x^2y^2)dy\right]dx \\
&= \frac{1}{64}\int_2^{10}\left[10xy-\frac{x^2y^3}{3}\right]_{y=0}^{y=1}dx \\
&= \frac{1}{64}\int_2^{10}\left(10x-\frac{x^2}{3}\right)dx \\
&= \frac{1}{64}\left[5x^2-\frac{x^3}{9}\right]_2^{10} \\
&= 5.778.
\end{aligned}$$

문제 3.1.19([4], No. 122). 어느 장치가 두 개의 회로를 포함하고 있다. 제 2의 회로는 제 1의 회로의 대체용이고, 따라서 제 2의 회로는 제 1의 회로가 고장이 날 때에 한하여 사용된다. 이 장치는 제 2의 회로가 고장이 날 때에 고장이 난 것으로 간주한다.
X와 Y를 각각 제 1과 제 2의 회로의 고장이 날 때까지 걸리는 시간이라 하자. X와 Y는 다음과 같은 결합확률밀도함수를 가진다고 한다.

$$f_{X,Y}(x,y) = \begin{cases} 6e^{-x}e^{-2y}, & 0 < x < y < \infty \\ 0, & \text{그 외에서.} \end{cases}$$

주어진 장치가 고장이 날 때까지 걸리는 시간의 기댓값은 얼마인가?

[풀이]. 이 문제는 $E[Y]$를 구하는 것이다. 이를 위하여 Y의 주변확률밀도함

수 $f_Y(y)$를 구하자.

$$\begin{aligned} f_Y(y) &= \int_{-\infty}^{\infty} f_{X,Y}(x,y)dx \\ &= \int_0^y 6e^{-x}e^{-2y}dx \\ &= 6e^{-2y}\int_0^y e^{-x}dx \\ &= 6e^{-2y}\left[-e^{-x}\right]_0^y \\ &= 6e^{-2y} - 6e^{-3y}, \qquad 0 < y < \infty. \end{aligned}$$

따라서

$$\begin{aligned} E[Y] &= \int_{-\infty}^{\infty} y f_Y(y)dy \\ &= \int_0^{\infty} y\left(6e^{-2y} - 6e^{-3y}\right)dy \\ &= \frac{6}{2}\int_0^{\infty} 2ye^{-2y}dy - 2\int_0^{\infty} 3ye^{-3y}dy \\ &= \left(\frac{6}{2}\right)\left(\frac{1}{2}\right) - (2)\left(\frac{1}{3}\right) = \frac{5}{6}. \end{aligned}$$

여기서, $T \sim E(\lambda)$일 때,

$$\frac{1}{\lambda} = E[T] = \int_0^{\infty} \lambda t e^{-\lambda t}dt.$$

라는 사실을 이용하였다.

별도의 방법으로, 이 문제는 다음 공식을 이용하여 풀 수 있다.

$$E[X] = \int\int_D x f_{X,Y}(x,y)dxdy,$$

단, D는 $f_{X,Y}(x,y)$의 지지이다.

제 3.2 절　조건부분포

문제 3.2.1([4], No. 95). X와 Y는 공통의 적률생성함수 $M(t) = e^{t^2/2}$를 가지고 서로 독립인 확률변수들이다. $W = X + Y$이고 $Z = Y - X$라 두자.

W와 Z의 결합적률생성함수 $M_{W,Z}(t_1, t_2)$를 구하여라.

[풀이]. 이 문제의 가정에 의하여, 다음과 같은 결과를 얻을 수 있다.

$$\begin{aligned} M_{W,Z}(t_1, t_2) &= E\left[e^{t_1 W + t_2 Z}\right] \\ &= E\left[e^{t_1(X+Y)+t_2(Y-X)}\right] \\ &= E\left[e^{(t_1-t_2)X} e^{(t_1+t_2)Y}\right] \\ &= E\left[e^{(t_1-t_2)X}\right] E\left[e^{(t_1+t_2)Y}\right] \\ &= M_X(t_1 - t_2) M_Y(t_1 + t_2) \\ &= e^{\frac{1}{2}(t_1-t_2)^2} e^{\frac{1}{2}(t_1+t_2)^2} \\ &= e^{t_i^2+t_2^2}. \end{aligned}$$

문제 3.2.2([4], No. 106). X와 Y는 5년 주기의 말에 어느 두 종류의 주식의 가격을 나타낸다. X는 구간 (0,12)에서 균등분포를 따른다. 조건 $X = x$가 주어졌을 때, Y는 구간 $(0, x)$에서 균등분포를 따른다고 한다. 이 모델에 따라서 $Cov(X, Y)$를 구하여라.

[풀이]. 다음 공식

$$Cov(X, Y) = E[XY] - E[X]E[Y]$$

을 이용하기 위하여 X와 Y 결합확률밀도함수 $f_{X,Y}(x, y)$를 구할 필요가 있다.

다음과 같은 가정이 주어져 있다.

$$X \sim U(0,12), \quad \text{즉}, \quad f_X(x) = \frac{1}{12}, \quad 0 < x < 12,$$
$$Y|_{X=x} \sim U(0,x), \quad \text{즉}, \quad f_{Y|X}(y|X=x) = \frac{1}{x}, \quad 0 < y < x.$$

정리 3.2.3에 의하여, 임의의 $0 < x < 12$, $0 < y < x$에 대하여,

$$f_{X,Y}(x,y) = f_{Y|X}(y|X=x)f_X(x) = \left(\frac{1}{x}\right)\left(\frac{1}{12}\right) = \frac{1}{12x}$$

이다. 즉,

$$f_{X,Y}(x,y) = \begin{cases} \frac{1}{12x}, & 0 < x < 12, \quad 0 < y < x \\ 0, & \text{그 외에서.} \end{cases}$$

$D = \{(x,y) \mid 0 < x < 12,\ 0 < y < x\}$라 두자. 그러면

$$E[X] = \int\int_D x f_{X,Y}(x,y)dxdy = \int_0^{12}\left[\int_0^x x\frac{1}{12x}dy\right]dx = 6,$$
$$E[Y] = \int\int_D y f_{X,Y}(x,y)dxdy = \int_0^{12}\left[\int_0^x y\frac{1}{12x}dy\right]dx = 3,$$
$$E[XY] = \int\int_D xy f_{X,Y}(x,y)dxdy = \int_0^{12}\left[\int_0^x xy\frac{1}{12x}dy\right]dx = 24.$$

그러므로 다음과 같은 결과를 얻는다.

$$Cov(X,Y) = E[XY] - E[X]E[Y] = 24 - (6)(3) = 6.$$

문제 3.2.3([4], No. 111). 어느 화재보험회사는 화재사건이 접수되면 곧바로 화재 손실보험 청구인에게 보험금의 초기 추정금액 X를 우선 지불한다. 보험금이 최종적으로 결정되면 회사는 청구인에게 초기 추정금액을 포함한 보험금 Y를 지불한다. X와 Y는 다음과 같은 결합확률밀도함수를 가진다고 한다.

$$f_{X,Y}(x,y) = \frac{2}{x^2(x-1)}y^{-(2x-1)/(x-1)}, \quad x, y > 1.$$

보험금의 초기 추정금액이 2라는 조건 하에, 최종적으로 결정된 보험금액이 1과 3 사이일 확률을 구하여라.

[풀이]. 이 문제는 $P(1 < Y < 3|X = 2)$를 구하는 것이다. 이를 위하여 다시 정리 3.2.3을 이용한다.

$$\begin{aligned} P(1 < Y < 3 \mid X = 2) &= \int_1^3 f_{Y|X}(y|X = 2)dy \\ &= \int_1^3 \frac{f_{X,Y}(2, y)}{f_X(2)}dy. \end{aligned}$$

가정으로부터, 임의의 $1 < y < \infty$에 대하여,

$$f_{X,Y}(2, y) = \frac{2}{2^2(2-1)}y^{-(2\cdot 2-1)/(2-1)} = \frac{1}{2}y^{-3}$$

이고 따라서

$$f_X(2) = \int_{-\infty}^{\infty} f_{X,Y}(2, y)dy = \int_1^{\infty} \frac{1}{2}y^{-3}dy = \frac{1}{4}$$

이다. 그러므로

$$\begin{aligned} P(1 < Y < 3 \mid X = 2) &= \int_1^3 \frac{\frac{1}{2}y^{-3}}{\frac{1}{4}}dy = \int_1^3 2y^{-3}dy \\ &= \left[-\frac{1}{y^2}\right]_1^3 = 1 - \frac{1}{9} \\ &= \frac{8}{9}. \end{aligned}$$

문제 3.2.4([4], No. 112). 어느 회사는 종업원들에게 기본 생명보험 뿐만 아니라 추가 생명보험에도 가입할 것을 권하고 있다. 추가 보험에 가입하기 위하여 종업원은 먼저 기본 보험에 가입하여야 한다.
X를 기본 보험에 가입한 종업원의 비율을 나타내고, Y를 추가 보험에 가입한 종업원의 비율을 나타내는 확률변수라 하자. X와 Y는 어떤 지지에서 $f_{X,Y}(x, y) = 2(x + y)$를 만족하는 결합확률밀도함수 $f_{X,Y}(x, y)$를 가진다.

종업원의 10%가 기본 보험에 가입한다는 조건 하에, 추가 보험에 가입하는 종업의 비율이 5% 미만일 확률은 얼마인가?

[풀이]. 이 문제는 $P(Y < 0.05|X = 0.1)$를 계산하는 것이다. 이를 위하여 다시 정리 3.2.3을 이용한다.

$$\begin{aligned} P(Y < 0.05 \mid X = 0.1) &= \int_0^{0.05} f_{Y|X}(y|X = 0.1)dy \\ &= \int_0^{0.05} \frac{f_{X,Y}(0.1, y)}{f_X(0.1)} dy. \end{aligned}$$

가정으로 부터, 결합화률밀도함수는 다음과 같이 주어진다.

$$f_{X,Y}(x, y) = \begin{cases} 2(x + y), & 0 < x < 1, \quad 0 < y < x \\ 0, & \text{그 외에서.} \end{cases}$$

따라서 임의의 $0 < y < x$에 대하여,

$$f_{X,Y}(0.1, y) = 2(0.1 + y) = 0.2 + 2y$$

이다. 그리고

$$f_X(x) = \int_{-\infty}^{\infty} f_{X,Y}(x, y)dy = \int_0^x 2(x + y)dy = 3x^2$$

이므로,

$$f_X(0.1) = 3(0.1)^2 = 0.03$$

이다. 그러므로

$$\begin{aligned} P(Y < 0.05|X = 0.1) &= \int_0^{0.05} \frac{f_{X,Y}(0.1, y)}{f_X(0.1)} dy \\ &= \int_0^{0.05} \frac{0.2 + 2y}{0.03} dy \\ &= \int_0^{0.05} \left(\frac{20}{3} + \frac{200}{3} y \right) dy \\ &= \frac{5}{12} = 0.417. \end{aligned}$$

문제 3.2.5([4], No. 114). 환자의 질병 보유 여부를 진단하는 어느 테스트에서 일어날 수 있는 결과는 두 가지인데, 질병 보유이면 1이고, 질병 비보유이면

0이다. X를 환자의 질병 보유 여부를 나타내는 상태이고, Y를 테스트의 결과라 하자. X와 Y의 결합확률질량함수가 다음과 같이 주어져 있다.

$$P(X=0,Y=0)=0.800$$

$$P(X=1,Y=0)=0.050$$

$$P(X=0,Y=1)=0.025$$

$$P(X=1,Y=1)=0.125$$

이 때 $Var(Y|X=1)$를 계산하여라.

[풀이]. 다음 공식을 이용한다.

$$Var(Y|X=1)=E[Y^2|X=1]-E[Y|X=1]^2.$$

여기서

$$\begin{aligned}E[Y^2|X=1]&=(0)^2P(Y=0|X=1)+(1)^2P(Y=1|X=1)\\&=P(Y=1|X=1)\\&=\frac{P(X=1,Y=1)}{P(X=1)}\\&=\frac{P(X=1,Y=1)}{P(X=1,Y=0)+P(X=1,Y=1)}\\&=\frac{0.125}{0.050+0.125}=0.714\end{aligned}$$

이고

$$\begin{aligned}E[Y|X=1]&=(0)P(Y=0|X=1)+(1)P(Y=1|X=1)\\&=P(Y=1|X=1)\\&=0.714.\end{aligned}$$

이다. 그러므로

$$\begin{aligned}Var(Y|X=1)&=E[Y^2|X=1]-E[Y|X=1]^2\\&=0.714-0.714^2=0.20.\end{aligned}$$

문제 3.2.6([4], No. 115). 주어진 연말의 어느 두 회사의 주식의 가격은 각각 확률변수 X와 Y로 모델화 되는데 다음과 같은 결합확률밀도함수를 가진다고 한다.

$$f_{X,Y}(x,y) = \begin{cases} 2x, & 0 < x < 1, \quad x < y < x+1 \\ 0, & \text{그 외에서}. \end{cases}$$

사건 $X = x$가 주어질 때, Y의 조건부분산은 얼마인가?

[풀이]. 조건부분산 $Var(Y|X=x)$를 구하기 위하여, 다음 공식을 이용한다.

$$Var(Y|X=x) = E[Y^2|X=x] - E[Y|X=x]^2.$$

우변의 제 1항은 다음과 같다.

$$\begin{aligned} E[Y^2|X=x] &= \int_{-\infty}^{\infty} y^2 f_{Y|X}(y|X=x)dy \\ &= \int_x^{x+1} y^2 \frac{f_{X,Y}(x,y)}{f_X(x)} dy. \end{aligned}$$

여기서

$$\begin{aligned} f_X(x) &= \int_{-\infty}^{\infty} f_{X,Y}(x,y)dy \\ &= \int_x^{x+1} 2xdy = 2x \end{aligned}$$

이므로, 이것을 대입하여 계산하면

$$\begin{aligned} E[Y^2|X=x] &= \int_x^{x+1} y^2 \frac{2x}{2x} dy \\ &= \int_x^{x+1} y^2 dy \\ &= x^2 + x + \frac{1}{3}. \end{aligned}$$

같은 방법으로 제 2항을 계산하면

$$\begin{aligned} E[Y|X=x] &= \int_x^{x+1} y \frac{2x}{2x} dy \\ &= \int_x^{x+1} ydy \\ &= x + \frac{1}{2}. \end{aligned}$$

그러므로

$$\begin{aligned}Var(Y|X=x) &= E[Y^2|X=x] - E[Y|X=x]^2\\ &= x^2 + x + \frac{1}{3} - \left(x + \frac{1}{2}\right)^2\\ &= \frac{1}{12}.\end{aligned}$$

문제 3.2.7([4], No. 116). 한 보험계리사는 두 개의 카운티 P와 Q에서 나타나는 폭풍의 1년간 횟수는 다음과 같이 결합적으로 분포한다고 단정한다:

		카운티 Q의 1년간 폭풍의 횟수			
		0	1	2	3
카운티 P의	0	0.12	0.06	0.05	0.02
1년간	1	0.13	0.15	0.12	0.03
폭풍의 횟수	2	0.05	0.15	0.10	0.02

카운티 P에서 1년간 폭풍이 없다는 조건 아래에서, 카운티 Q에서 1년간 나타나는 폭풍의 횟수의 조건부분산을 계산하여라.

[풀이]. N_P와 N_Q를 각각 카운티 P와 Q에서 나타나는 폭풍의 1년간 횟수라 하자. 이 문제는 조건부분산 $Var(N_Q|N_P=0)$를 계산하는 것이다.
이를 위하여 다음 공식을 이용한다.

$$Var(N_Q|N_P=0) = E[N_Q^2|N_P=0] - E[N_Q|N_P=0]^2.$$

여기서

$$
\begin{aligned}
E[N_Q^2|N_P = 0] &= \sum_{k=0}^{3} k^2 P_{N_Q|N_P}(k|N_P = 0) \\
&= \sum_{k=0}^{3} k^2 \frac{P(N_Q = k, N_P = 0)}{P(N_P = 0)} \\
&= \frac{\sum_{k=0}^{3} k^2 P(N_Q = k, N_P = 0)}{P(N_P = 0)} \\
&= \frac{(0)^2(0.12) + (1)^2(0.06) + (2)^2(0.05) + (3)^2(0.02)}{0.12 + 0.06 + 0.05 + 0.02} \\
&= 1.76.
\end{aligned}
$$

같은 방법으로

$$
\begin{aligned}
E[N_Q|N_P = 0] &= \sum_{k=0}^{3} k P_{N_Q|N_P}(k|N_P = 0) \\
&= \frac{(0)(0.12) + (1)(0.06) + (2)(0.05) + (3)(0.02)}{0.12 + 0.06 + 0.05 + 0.02} \\
&= 0.88.
\end{aligned}
$$

그러므로

$$
\begin{aligned}
Var(N_Q|N_P = 0) &= E[N_Q^2|N_P = 0] - E[N_Q|N_P = 0]^2 \\
&= 1.76 - 0.88^2 = 0.99.
\end{aligned}
$$

문제 3.2.8([4], No. 119). 어느 자동차 보험은 보험계약자에게 책임이 있는 자동차 사고가 발생할 때 보험계약자 자신의 자동차뿐만 아니라 상대방 운전자 소유의 자동차의 파손에 의한 손실을 보상한다. 보험계약자 자신의 자동차의 파손에 대한 보상금액 X는 임의의 $0 < x < 1$에 대하여, 주변확률밀도함수가 1이다. 조건 $X = x$가 주어질 때, 상대방 운전자 소유의 자동차의 파손에 대한 보상금액 Y의 조건부확률밀도함수는, 임의의 $x < y < x + 1$에 대하여 1이다.

만약 보험계약자에게 책임이 있는 사고가 발생하면, 상대방 운전자 소유의 자동차의 파손에 대한 보상금액이 0.5보다 클 확률은 얼마인가?

[풀이]. 이 문제는 $P(Y > 0.5)$를 계산하는 것이다. 가정에 의하여

$$f_X(x) = 1 \quad \text{for} \quad 0 < x < 1$$

이고

$$f_{Y|X}(y|X = x) = 1 \quad \text{for} \quad x < y < x + 1$$

이다. 그러므로 임의의 $0 < x < 1,\ x < y < x + 1$에 대하여,

$$f_{X,Y}(x, y) = f_{Y|X}(y|X = x)f_X(x) = 1 \times 1 = 1$$

이다. $D = \{(x, y) \mid 0 < x < 1, \quad x < y < x + 1\}$라 두자. 그러면

$$\begin{aligned} P(Y > 0.5) &= 1 - P(Y \le 0.5) \\ &= 1 - P((X, Y) \in A). \end{aligned}$$

단,

$$\begin{aligned} A &= \{(x, y) \in D \mid y \le 0.5\} \\ &= \{(x, y) \mid 0 < x < 1, x < y < x + 1, y > 0.5\} \\ &= \{(x, y) \mid 0 < x < \frac{1}{2}, x < y < \frac{1}{2}\}. \end{aligned}$$

그러므로

$$\begin{aligned} P(Y > 0.5) &= 1 - \int\int_A f_{X,Y}(x, y)dxdy \\ &= 1 - \int_0^{\frac{1}{2}} \left[\int_x^{\frac{1}{2}} 1dy\right] dx \\ &= 1 - \int_0^{\frac{1}{2}} \left(\frac{1}{2} - x\right) dx \\ &= 1 - \frac{1}{8} = \frac{7}{8}. \end{aligned}$$

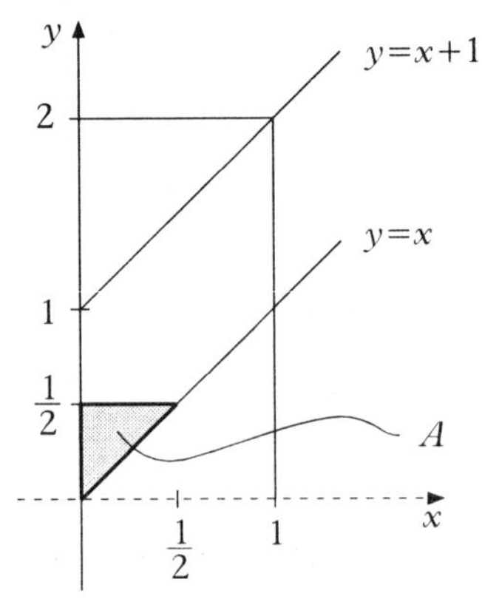

제 4 장

확률변수의 함수

제 4.1 절 확률변수의 함수의 분포

문제 4.1.1([4], No. 37). 가격이 200인 어느 프린터의 수명은 평균 2년인 지수분포를 따른다. 만약 프린터를 구입한 후 첫 해에 고장이 나면 제조회사는 고객에게 프린터 구입가격의 전액을 환불하고, 만약 구입 후 두 번째 해에 고장이 나면 구입가격의 절반을 환불한다.

만약 제조회사가 100대의 프린터를 팔면 고객을 위해 준비해야 하는 환불금액의 기댓값은 얼마인가?

[풀이]. T를 프린터의 수명이라 하고, 각 $i = 1, 2, \cdots, 100$에 대하여, Y_i를 i번째 프린터 구입고객을 위한 환불금액이라 하자. 이 문제는 $E[\sum_{i=1}^{100} Y_i]$를 구하는 것이다. 가정에 의하여,

$$Y_i = \begin{cases} 200, & \text{w.p.} \quad P(T \leq 1) \\ 100, & \text{w.p.} \quad P(1 \leq T \leq 2) \\ 0, & \text{w.p.} \quad P(T > 3) \end{cases}$$

단, $T \sim E(1/2)$이다. 즉, 임의의 $t \geq 0$에 대하여, $f_T(t) = 1/2e^{-t/2}$이다. 그러므로

다음과 같이 계산된다.

$$\begin{aligned}E[Y_i] &= (200)P(T \le 1) + (100)P(1 \le T \le 2) + (0)P(T > 3)\\ &= 200\int_0^1 \frac{1}{2}e^{-\frac{t}{2}}dt + 100\int_1^2 \frac{1}{2}e^{-\frac{t}{2}}dt\\ &= 200\left[-e^{-\frac{t}{2}}\right]_0^1 + 100\left[-e^{-\frac{t}{2}}\right]_1^2\\ &= 102.56\end{aligned}$$

이고 따라서

$$E\left[\sum_{i=1}^{100} Y_i\right] = \sum_{i=1}^{100} E\left[Y_i\right] = 100 \times 102.56 = 10,256.$$

문제 4.1.2([4], No. 99). 어느 보험회사는 보험계약자가 청구한 의료보험금을 두 부분으로 나누어 지불한다. X를 외과의사에게 지불하는 비용을 위한 보험금이라 하고, Y를 기타 병원비용을 위한 보험금이라 하자. X의 분산은 5,000, Y의 분산은 10,000, 그리고 의료비용 총액 $X+Y$의 분산은 17,000이다.
의료비용이 증가하기 때문에, 이 보험회사는 고객이 청구하는 의료보험금에 대하여 X를 100만큼 증액하고 Y를 10% 증액하여 지불하기로 하였다.

이 회사의 새로운 보험금 지불정책에 따라 보험계약자에게 지불해야 하는 의료보험금의 분산을 계산하여라.

[풀이]. 이 문제는 $Var(X + 100 + 1.1Y)$를 계산하는 것이다. 가정에 의하여 다음 값들이 주어져 있다.

$$Var(X) = 5,000$$

$$Var(Y) = 10,000$$

$$Var(X+Y) = 17,000.$$

이것으로 부터 다음 식이 성립한다.

$$\begin{aligned}17,000 &= Var(X+Y)\\ &= Var(X) + Var(Y) + 2Cov(X,Y)\\ &= 5,000 + 10,000 + 2Cov(X,Y)\end{aligned}$$

따라서 $Cov(X, Y) = 1,000$이다. 그러므로

$$\begin{aligned} & Var(X + 100 + 1.1Y) \\ &= Var(X + 1.1Y) \\ &= Var(X) + Var(1.1Y) + 2Cov(X, 1.1Y) \\ &= Var(X) + (1.1)^2 Vay(Y) + (2)(1.1)Cov(X, Y) \\ &= 5,000 + (1.1)^2(10,000) + (2)(1.1)(1,000) \\ &= 19,300. \end{aligned}$$

문제 4.1.3([4], No. 102). 어떤 회사가 두 대의 발전기를 보유하고 있다. 각 발전기가 고장이 날 때까지의 시간은 평균이 10인 지수분포를 따른다. 회사는 한 대가 고장이 나면 곧바로 두 번째의 발전기를 사용한다.

두 대의 발전기가 전기를 생산한 총 시간의 분산은 얼마인가?

[풀이]. X와 Y를 두 대의 발전기가 각각 전기를 생산한 시간이라 하자. 이 문제는 $Var(X + Y)$를 구하는 것이다. 가정에 의하여 $X, Y \sim E(\frac{1}{10})$이므로, $Var(X) = Var(Y) = 100$이다. 그리고 X와 Y가 독립이므로

$$\begin{aligned} Var(X + Y) &= Var(X) + Var(Y) \\ &= 100 + 100 = 200. \end{aligned}$$

제 4.2 절 중심극한정리

문제 4.2.1([4], No. 81). 어떤 자동차 보험계약하에 청구되는 보험금은 평균이 19,400이고 표준편차가 5,000인 정규분포를 따른다.

랜덤하게 선택된 25건의 보험금의 표본평균이 20,000을 초과할 확률은 얼마인가?

[풀이]. $X_1, X_2, \cdots, X_{25}$를 랜덤하게 선택한 25건의 보험금이라 하고, 다음과 같이 두자.

$$\overline{X} = \frac{1}{25}\sum_{k=1}^{25} X_k.$$

이 문제는 $P(\overline{X} > 20,000)$를 계산하는 것이다. 각 $k = 1, 2, \cdots, 25$에 대하여, $X_k \sim N(19,400, 5,000^2)$이고, 이들은 독립이므로,

$$E[\overline{X}] = \frac{1}{25}\sum_{k=1}^{25} E[X_k] = \frac{1}{25} \times 25 \times 19,400 = 19,400.$$

이고

$$Var(\overline{X}) = \frac{1}{25^2}\sum_{k=1}^{25} Var(X_k) = \frac{1}{25^2} \times 25 \times 5,000^2 = 1,000^2$$

이다. 참고 2.4.10과 참고 2.4.6에 의하여

$$Z \equiv \frac{\overline{X} - E[\overline{X}]}{\sqrt{Var(\overline{X})}} \sim N(0, 1^2).$$

그러므로 표준정규분포표를 이용하면

$$\begin{aligned} P(\overline{X} > 20,000) &= P\left(\frac{\overline{X} - 19,400}{1,000} > \frac{20,000 - 19,400}{1,000}\right) \\ &= P(Z > 0.6) \\ &= 1 - P(Z \le 0.6) \\ &= 1 - \Phi(0.6) \\ &= 1 - 0.7257 = 0.2743. \end{aligned}$$

문제 4.2.2([4], No. 82). 어느 보험회사에 1,250명의 고객이 시력보호보험을 계약하였다. 이 보험에 가입한 한 고객의 일 년간의 보험금 청구 횟수는 평균 2인 포아송확률변수이다. 보험계약자의 일 년간의 보험금 청구 횟수는 다른 보험계약자의 보험금 청구 횟수와 독립이다.

일 년간 보험계약자들에 의한 보험금 청구 횟수가 2,450와 2,600 사이에 있을 확률의 근사값을 구하여라.

[풀이]. $X_1, X_2, \cdots, X_{1,250}$를 각각 1,250명의 보험계약자 개개인의 보험금 청구 횟수라 하고, 다음과 같이 두자. $S = \sum_{k=1}^{1,250} X_k$. 이 문제는 $P(2,450 < S < 2,600)$를 구하는 것이다. 각 $k = 1, 2, \cdots, 1,250$에 대하여, $X_k \sim P(2)$이므로, $E[X_k] = Var(X_k) = 2$이다.

따라서

$$\begin{aligned} E[S] &= \sum_{k=1}^{1,250} E[X_k] = \sum_{k=1}^{1,250} 2 \\ &= 1,250 \times 2 = 2,500. \end{aligned}$$

이고, $X_1, X_2, \cdots, X_{1,250}$이 독립이므로,

$$\begin{aligned} Var(S) &= \sum_{k=1}^{1,250} Var(X_k) = \sum_{k=1}^{1,250} 2 \\ &= 1,250 \times 2 = 50^2. \end{aligned}$$

중심극한정리에 의하여, 근사적으로

$$Z \equiv \frac{S - 2,500}{50} \sim N(0, 1^2)$$

가 성립한다. 표준정규분포표를 이용하면

$$\begin{aligned} & P(2,450 < S < 2,600) \\ &= P\left(\frac{2,450 - 2,500}{50} < \frac{S - 2,500}{50} < \frac{2,600 - 2,500}{50}\right) \\ &= P(-1 < Z < 2) \\ &= P(Z < 2) - P(Z < -1) \\ &\approx \Phi(2) - \Phi(-1) \\ &= \Phi(2) + \Phi(1) - 1 \\ &= 0.9772 + 0.8413 - 1 \\ &= 0.8185. \end{aligned}$$

문제 4.2.3([4], No. 84). 랜덤하게 선택된 사람이 3개월 주기 동안 영화와 스포츠를 관람하는데 소비한 시간의 수를 각각 X와 Y라 두자. X와 Y에 관하여

다음과 같은 정보가 주어져 있다:

$$
\begin{aligned}
&E[X] = 50 \\
&E[Y] = 20 \\
&Var(X) = 50 \\
&Var(Y) = 30 \\
&Cov(X, Y) = 10.
\end{aligned}
$$

100명의 사람들을 랜덤하게 선택하여 3개월간 관찰하였다. T를 관찰 대상인 100명이 3개월간 영화와 스포츠를 관람하는데 소비한 총 시간의 수라 하자.

이 때 $P(T < 7,100)$의 근사값을 구하여라.

[풀이]. 각 $i = 1, 2, \cdots, 100$에 대하여, X_i와 Y_i를 각각 i-번째 랜덤하게 선택된 사람이 영화와 스포츠를 관람하는데 소비한 시간의 수라 두자. $T = \sum_{i=1}^{100}(X_i + Y_i)$이므로,

$$
E[T] = \sum_{i=1}^{100}(E[X_i] + E[Y_i]) = 100 \times (50 + 20) = 7,000.
$$

이고

$$
\begin{aligned}
Var(T) &= \sum_{i=1}^{100} Var(X_i + Y_i) \\
&= \sum_{i=1}^{100}(Var(X_i) + Var(Y_i) + 2Cov(X_i, Y_i)) \\
&= 100 \times (50 + 30 + 2 \times 10) \\
&= 100^2
\end{aligned}
$$

이다. 중심극한정리에 의하여, 근사적으로

$$
\frac{T - 7,000}{100} \sim N(0, 1^2)
$$

가 성립한다. 표준정규분포표를 이용하면

$$\begin{aligned} P(T < 7,100) &= P\left(\frac{T-7,000}{100} < \frac{7,100-7,000}{100}\right) \\ &= P\left(\frac{T-7,000}{100} < 1\right) \\ &\approx \Phi(1) \\ &= 0.8413. \end{aligned}$$

문제 4.2.4([4], No. 86). 어떤 도시에서 경찰병력 증대를 위하여 100명의 여자 신병을 모집하였다. 이 도시는 신병이 퇴직시점까지 근무하면 노후 연금을 지불한다. 거기에 더하여, 만약 신병이 퇴직시점에서 결혼한 상태이면 남편에게 또 다른 연금이 지급된다. 자문 계리사는 다음과 같은 가정을 설정하였다:

(i) 각 신병이 퇴직시점까지 경찰병력으로 근무할 확률은 0.4이다.

(ii) 한 신병이 경찰병력으로 퇴직시점까지 근무한다는 조건 하에, 그녀가 퇴직시점에서 결혼한 상태가 아닐 확률은 0.25이다.

(iii) 이 도시가 한 신병을 위하여 준비해야 하는 노후연금의 수는 다른 신병을 위하여 준비해야 하는 노후 연금의 수와 독립이다.

이 도시가 100명의 신병과 이들의 남편을 위하여 준비해야 하는 노후 연금의 총 갯수가 많아야 90일 확률을 구하여라.

[풀이]. 각 $i = 1, 2, \cdots, 100$에 대하여, N_i를 i-번째 신병을 위하여 준비해야 하는 노후연금의 수라 하고, $N = \sum_{i=1}^{100} N_i$라 두자. 이 문제는 $P(N \leq 90)$를 구하는 것이다. N이 정수값을 가지는 확률변수이므로, 연속수정법(참고 2.4.12를 보라)을 이용한다. 주어진 가정으로부터

$$N_i = \begin{cases} 0, & \text{w.p.} \quad 1 - 0.4 = 0.6 \\ 1, & \text{w.p.} \quad 0.4 \times 0.25 = 0.1 \\ 2, & \text{w.p.} \quad 0.4 \times 0.75 = 0.3 \end{cases}$$

이고, 따라서

$$E[N] = \sum_{i=1}^{100} E[N_i] = 100\{(0)(0.6) + (1)(0.1) + (2)(0.3)\} = 70$$

이고

$$\begin{aligned} Var(N) &= \sum_{i=1}^{100} Var(N_i) \\ &= 100\{(0)^2(0.6) + (1)^2(0.1) + (2)^2(0.3) - (0.7)^2\} = 81 = 9^2 \end{aligned}$$

이다. 그러므로 표준정규분포표를 이용하여 다음 결과를 얻을 수 있다.

$$\begin{aligned} P(N \leq 90) &= P(N < 90.5) \\ &= P\left(\frac{N-70}{9} < \frac{90.5-70}{9}\right) \\ &= P\left(\frac{N-70}{9} < 2.28\right) \\ &\approx \Phi(2.28) \\ &= 0.9887. \end{aligned}$$

문제 4.2.5([4], No. 87). 어떤 건강보호자료에 관한 분석에서, 나이는 5의 배수로 어림잡는다. 실제 나이와 어림잡은 나이의 차는 −2.5년에서 2.5년까지의 구간에서 균등하게 분포된다고 가정한다. 이 건강보호자료는 랜덤하게 선택된 48명의 사람들을 관찰하여 주어진 것이다.

이 사람들의 어림잡은 나이의 표본평균이 실제 나이의 표본평균의 0.25년 이내에 값을 가질 확률은 얼마인가?

[풀이]. 각 $i = 1, 2, \cdots, 48$에 대하여, T_i와 R_i를 각각 표본 중 i번째 사람의 실제 나이와 어림잡은 나이라 두고, 다음과 같이 두자.

$$\overline{T} = \frac{1}{48}\sum_{i=1}^{48} T_i \quad , \quad \overline{R} = \frac{1}{48}\sum_{i=1}^{48} R_i.$$

이 문제는 $P(|\overline{T}-\overline{R}|<0.25)$를 구하는 것이다. 각 $i=1,2,\cdots,48$에 대하여, $T_i-R_i\sim U(-2.5,2.5)$이므로,

$$E[T_i-R_i]=\frac{-2.5+2.5}{2}=0$$

이고

$$Var(T_i-R_i)=\frac{(2.5+2.5)^2}{12}=\frac{25}{12}=2.083$$

이다. 그러므로

$$\begin{aligned}E[\overline{T}-\overline{R}]&=E\left[\frac{1}{48}\sum_{i=1}^{48}T_i-\frac{1}{48}\sum_{i=1}^{48}R_i\right]\\&=\frac{1}{48}\sum_{i=1}^{48}E[T_i-R_i]\\&=\left(\frac{1}{48}\right)(48)(0)\\&=0\end{aligned}$$

이고

$$\begin{aligned}Var(\overline{T}-\overline{R})&=Var\left(\frac{1}{48}\sum_{i=1}^{48}T_i-\frac{1}{48}\sum_{i=1}^{48}R_i\right)\\&=\left(\frac{1}{48}\right)^2\sum_{i=1}^{48}Var(T_i-R_i)\\&=\left(\frac{1}{48}\right)^2(48)(2.083)\\&=0.4339=0.2083^2.\end{aligned}$$

가 성립한다. 중심극한정리에 의하여, 근사적으로

$$\overline{T}-\overline{R}=\frac{1}{48}\sum_{i=1}^{48}(T_i-R_i)\sim N(0,0.2083^2)$$

가 성립한다. 여기서 표준정규분포표를 이용하면 다음과 같은 결과를 얻는다.

$$\begin{aligned} P(|\overline{T}-\overline{R}|<0.25) &= P(-0.25<\overline{T}-\overline{R}<0.25) \\ &= P\left(\frac{-0.25}{0.2083}<\frac{\overline{T}-\overline{R}}{0.2083}<\frac{0.25}{0.2083}\right) \\ &= P\left(-1.2<\frac{\overline{T}-\overline{R}}{0.2083}<1.2\right) \\ &\approx \Phi(1.2)-\Phi(-1.2) \\ &= 2\Phi(1.2)-1 \\ &= 2\times 0.8849-1=0.77. \end{aligned}$$

제 5 장

보험에의 응용

제 5.1 절 보험은 어떻게 이루어지는가?

문제 5.1.1([4], No. 85). 한 명의 건강보험계약자가 청구하는 보험금의 합계는 다음과 같은 확률밀도함수를 가지는 확률변수이다.

$$f(x) = \frac{1}{1,000} e^{-(x/1,000)}, \quad \text{for} \quad x > 0.$$

이 보험계약자가 납부해야 하는 보험료는 보험금의 합계의 기댓값보다 100만큼 더 비싸다.

만약 100명에게 이 보험을 가입하게 하면, 총 보험금이 총 보험료를 초과할 확률은 근사적으로 얼마인가?

[풀이]. 각 $i = 1, 2, \cdots, 100$에 대하여, X_i와 Q_i를 각각 i번째 보험계약자의 보험금의 합계와 보험료라 하고, $S = \sum_{i=1}^{100} X_i$라 두고 $Q = \sum_{i=1}^{100} Q_i$라 두자. 이 문제는 $P(S \geq Q)$를 구하는 것이다. 주어진 가정에 의하여, 각 $i = 1, 2, \cdots, 100$에 대하여, $X_i \sim E(1/1000)$이고 $Q_i = 100 + E[X_i]$이다. 따라서 $E[X_i] = 1,000$이고 $Var(X_i) = 1,000^2$ 이다. 그러므로

$$E[S] = \sum_{i=1}^{100} E[X_i] = 100 \times 1,000 = 100,000,$$

$$Var(S) = \sum_{i=1}^{100} Var(X_i) = 100 \times 1,000^2 = 10,000^2$$

그리고

$$Q = \sum_{i=1}^{100} Q_i = \sum_{i=1}^{100} (100 + E[X_i]) = 100(100 + 1,000) = 110,000.$$

중심극한정리와 표준정규분포표에 의하여

$$\begin{aligned} P(S \geq Q) &= P(S \geq 110,000) \\ &= P\left(\frac{S - 100,000}{10,000} \geq \frac{110,000 - 100,000}{10,000}\right) \\ &= P\left(\frac{S - 100,000}{10,000} \geq 1\right) \\ &= 1 - P\left(\frac{S - 100,000}{10,000} < 1\right) \\ &\approx 1 - \Phi(1) \\ &= 1 - 0.841 = 0.159. \end{aligned}$$

문제 5.1.2([4], No. 113). 사망보험금이 10,000이고 일시납 보험료가 500인 생명보험증권 2장이 한 부부에게 각각 1장씩 팔렸다. 이 보험증권은 제 10차년도 말에 계약만료된다. 오직 부인만 적어도 10년 이상 생존할 확률은 0.025이고, 오직 남편만 적어도 10년 이상 생존할 확률은 0.01이고, 부부 두 사람이 적어도 10년 이상 생존할 확률은 0.96이다.

남편이 적어도 10년 이상 생존한다는 조건 하에, 보험료의 보험금에 대한 초과분의 기댓값은 얼마인가?

[**풀이**]. 다음과 같이 두자.

W = 부인이 적어도 10년 이상 생존할 사건

H = 남편이 적어도 10년 이상 생존할 사건

B = 보험회사가 남편에게 지불해야 하는 사망보험금,

그리고

$$
\begin{aligned}
P &= \text{보험료의 보험금에 대한 초과분} \\
&= (\text{총 보험료}) - (\text{보험회사가 남편에게 지불해야 하는 사망보험금}) \\
&= 2 \times 500 - B \\
&= 1,000 - B.
\end{aligned}
$$

이 문제는 $E[P|H]$를 계산하는 것이다. 가정에 의하여

$$
B = \begin{cases} 0, & \text{사건 } W\text{가 발생할 때,} \\ 10,000, & \text{사건 } W^c\text{가 발생할 때.} \end{cases}
$$

이다. 따라서

$$
\begin{aligned}
E[P|H] &= E[1,000 - B|H] \\
&= 1,000 - E[B|H] \\
&= 1,000 - \{0 \times P(W|H) + 10,000 \times P(W^c|H)\} \\
&= 1,000 - 10,000 \times P(W^c|H).
\end{aligned}
$$

여기서

$$
\begin{aligned}
P(W^c|H) &= \frac{P(W^c \cap H)}{P(H)} \\
&= \frac{P(W^c \cap H)}{P(H \cap [W \cup W^c])} \\
&= \frac{P(W^c \cap H)}{P(H \cap W) + P(H \cap W^c)} \\
&= \frac{0.01}{0.96 + 0.01} = 0.0103.
\end{aligned}
$$

그러므로 다음 값을 얻는다.

$$
E[P|H] = 1,000 - 10,000 \times 0.0103 = 1,000 - 103 = 897.
$$

제 5.2 절　손실을 표현하는 모델

* 제 5.2절에는 샘플문제가 없음

제 5.3 절　보험금 총액 모델

문제 5.3.1([4], No. 123). 랜덤하게 선택된 어느 보험계약자의 1년간 보험금 청구횟수 N에 관한 다음과 같은 정보가 주어져 있다:

$$P(N=0)=\frac{1}{2}$$
$$P(N=1)=\frac{1}{3}$$
$$P(N>1)=\frac{1}{6}.$$

한 명의 보험계약자가 1년간 청구한 보험금의 합계를 S라 두자. $N=1$일 때, S는 평균 5인 지수분포를 따른다. $N>1$일 때, S는 평균 8인 지수분포를 따른다.

$P(4<S<8)$를 구하여라.

[풀이]. 만약 $X \sim E(\lambda)$, 즉, X가 평균 $1/\lambda$인 지수분포를 따른다면, X의 분포함수는 $F_X(x)=1-e^{-\lambda x}$에 의해 주어진다.

이와 유사하게, 가정에 따라서, 조건부분포함수가 다음과 같이 주어진다.

$$F_{S|N}(x|N=1)=1-e^{-\frac{x}{5}}$$

와

$$F_{S|N}(x|N>1)=1-e^{-\frac{x}{8}}.$$

그러므로

$$
\begin{aligned}
P(4 < S < 8) &= P(4 < S < 8|N = 1)P(N = 1) \\
&\qquad + P(4 < S < 8|N > 1)P(N > 1) \\
&= [P(S < 8|N = 1) - P(S < 4|N = 1)]P(N = 1) \\
&\qquad + [P(S < 8|N > 1) - P(S < 4|N > 1)]P(N > 1) \\
&= [F_{S|N}(8|N = 1) - F_{S|N}(4|N = 1)]P(N = 1) \\
&\qquad + [F_{S|N}(8|N > 1) - F_{S|N}(4|N > 1)]P(N > 1) \\
&= \left[\left(1 - e^{-\frac{8}{5}}\right) - \left(1 - e^{-\frac{4}{5}}\right)\right] \times \frac{1}{3} \\
&\qquad + \left[\left(1 - e^{-\frac{8}{8}}\right) - \left(1 - e^{-\frac{4}{8}}\right)\right] \times \frac{1}{6} \\
&= \frac{1}{3}\left(e^{-\frac{4}{5}} - e^{-\frac{8}{5}}\right) + \frac{1}{6}\left(e^{-\frac{4}{8}} - e^{-\frac{8}{8}}\right) \\
&= 0.122.
\end{aligned}
$$

제 5.4 절 손실에 대한 보상범위의 조절

문제 5.4.1([4], No. 40). 어느 보험회사는 고객의 랜덤손실 X에 대하여 $0 < C < 1$인 공제금액 C를 적용한 보험금을 지불한다. 손실금액은 다음과 같은 확률밀도함수를 가지는 연속확률변수로 모델화된다.

$$
f_X(x) = \begin{cases} 2x, & 0 < x < 1 \\ 0, & \text{그 외에서.} \end{cases}
$$

주어진 랜덤손실 X에 대하여, 보험금이 0.5보다 작을 확률이 0.64이다.

이 때 C를 구하여라.

[풀이]. Y를 랜덤손실 X에 대한 보험금이라 하자. 그러면

$$Y = \begin{cases} 0, & 0 < X \le C\text{일 때}, \\ X - C, & C < X < 1\text{일 때}. \end{cases}$$

가정에 의하여 $P(Y < 0.5) = 0.64$이므로,

$$\begin{aligned} 0.8^2 = 0.64 = P(Y < 0.5) &= P(0 < X - C < 0.5) \\ &= P(0 < X < C + 0.5) \\ &= \int_0^{C+0.5} 2x dx = [x^2]_0^{C+0.5} \\ &= (C + 0.5)^2 \end{aligned}$$

이고 따라서 $C = -0.5 \pm 0.8$이다. 여기서 $0 < C < 1$이므로, 결국 $C = 0.3$이다.

문제 5.4.2([4], No. 51). 어느 제조회사의 연간 손실은 다음과 같은 확률밀도 함수를 가진다.

$$f(x) = \begin{cases} \frac{2.5(0.6)^{2.5}}{x^{3.5}}, & x > 0.6 \\ 0, & \text{그 외에서}. \end{cases}$$

이 손실에 대한 보상을 위하여 제조회사는 연간 공제금 2를 적용하는 보험에 가입하였다.

이 회사의 연간 손실 중 보험금으로 보상되지 않는 부분의 기댓값은 얼마인가?

[풀이]. X를 제조회사의 연간 손실이라 하자. 그러면 X는 $X = Y_l + Y_s$에 의해 표현된다. 단, Y_l은 보험회사가 지불해야 하는 보험금이고 Y_s는 보험금으로 보상되지 않는 손실 즉, 보유손실이다 (참고 5.4.1을 보라).
이 문제는 $E[Y_s]$을 구하는 것이다. 가정에 의하여

$$Y_l = \begin{cases} 0, & 0.6 < X < 2 \\ X - 2, & X \ge 2 \end{cases}$$

이므로

$$Y_s = g(X) = \begin{cases} X, & 0.6 < X < 2 \\ 2, & X \ge 2 \end{cases}$$

이다. 그러므로

$$
\begin{aligned}
E[Y_s] &= E[g(X)] \\
&= \int_{0.6}^{2} g(x) f_X(x) dx + \int_{2}^{\infty} g(x) f_X(x) dx \\
&= \int_{0.6}^{2} x \left(\frac{2.5(0.6)^{2.5}}{x^{3.5}} \right) dx + \int_{2}^{\infty} 2 \left(\frac{2.5(0.6)^{2.5}}{x^{3.5}} \right) dx \\
&= \left[-\frac{2.5(0.6)^{2.5}}{1.5x^{1.5}} \right]_{0.6}^{2} + \left[-\frac{2(0.6)^{2.5}}{x^{2.5}} \right]_{2}^{\infty} \\
&= 0.9343.
\end{aligned}
$$

문제 5.4.3([4], No. 52). 어느 보험회사가 공제금액이 2인 1년 만기 보험증권을 팔고 있다. 보험고객에게 손실이 발생할 확률은 0.05이다. 만약 손실이 발생하면, 손실금액이 N일 확률은 K/N이다. 여기서 $N = 1, 2, \cdots, 5$이고 K는 적당한 상수이다. $N = 1, 2, \cdots, 5$가 가능한 손실금액의 전부이고 손실은 오직 한 번만 발생한다.

이 보험증권에 대한 순보험료를 구하여라.

[풀이]. Y를 손실에 대하여 보험금이라 두자. 이 문제는 순보험료 $E[Y]$를 구하는 것이다. 공제금액 2를 적용하므로, Y는 다음과 같이 표현된다.

$$
Y = g(N) = \begin{cases} 0, & N \le 2 \\ N - 2, & N > 2. \end{cases}
$$

$E[Y]$를 계산하기 위하여 N의 확률질량함수 $p_N(n)$을 구하자.

$$
\begin{aligned}
1 &= \sum_{n=1}^{5} P(N = n | \text{손실이 발생한다}) \\
&= \frac{K}{1} + \frac{K}{2} + \frac{K}{3} + \frac{K}{4} + \frac{K}{5} \\
&= \frac{137K}{60}
\end{aligned}
$$

로부터 $K = 60/137$임을 알 수 있다. 따라서

$$\begin{aligned}
p_N(n) &= P(N = n) \\
&= P(N = n|\text{손실이 발생한다})P(\text{손실이 발생한다}) \\
&\qquad + P(N = n|\text{손실이 발생하지 않는다})P(\text{손실이 발생하지 않는다}) \\
&= \frac{K}{n} \times 0.05 + 0 \times 0.95 \\
&= \frac{K}{20n} \\
&= \frac{60}{(137)(20)n} = \frac{3}{137n}.
\end{aligned}$$

그러므로

$$\begin{aligned}
E[Y] = E[g(N)] &= \sum_{n=1}^{5} g(n)p_N(n) \\
&= g(1)p_N(1) + g(2)p_N(2) + g(3)p_N(3) + g(4)p_N(4) + g(5)p_N(5) \\
&= (0)\left(\frac{3}{137 \times 1}\right) + (0)\left(\frac{3}{137 \times 2}\right) + (3-2)\left(\frac{3}{137 \times 3}\right) \\
&\qquad + (4-2)\left(\frac{3}{137 \times 4}\right) + (5-2)\left(\frac{3}{137 \times 5}\right) \\
&= 0.0314.
\end{aligned}$$

문제 5.4.4([4], No. 53). 어느 보험증권은 발생한 손실에 대하여 보험금 한도 10까지 보상한다. 보험계약자의 손실 X는 다음과 같은 확률밀도함수를 가진다고 한다.

$$f_X(x) = \begin{cases} \frac{2}{x^3}, & x > 1 \\ 0, & \text{그 외에서.} \end{cases}$$

이 보험증권에 따라 보험회사가 지불해야 하는 보험금의 기댓값은 얼마인가?

[풀이]. Y_l을 보험계약자의 손실에 대하여 보험회사가 지불해야 하는 보험금을 나타낸다고 하자. 이 문제는 $E[Y_l]$를 구하는 것이다. 가정에 의하여, Y_l은 다음과 같이 주어진다.

$$Y_l = g(X) = \begin{cases} X, & 1 < X \leq 10 \\ 10, & X > 10. \end{cases}$$

그러므로

$$\begin{aligned}E[Y_l] = E[g(X)] &= \int_{-\infty}^{\infty} g(x)f_X(x)dx \\ &= \int_1^{10} x\frac{2}{x^3}dx + \int_{10}^{\infty} 10\frac{2}{x^3}dx \\ &= \left[-\frac{2}{x}\right]_1^{10} + \left[-\frac{10}{x^2}\right]_{10}^{\infty} \\ &= 2 - \frac{2}{10} + \frac{1}{10} - 0 \\ &= 1.9.\end{aligned}$$

별도의 방법으로, 다음과 같은 공식 (5.4.1)을 이용하여 이 문제의 답을 구하는 것이 가능하다.

$$E[Y_l] = 1 + \int_1^{10}(1 - F_X(x))dx.$$

여기서

$$\begin{aligned}F_X(x) &= \int_{-\infty}^{x} f_X(u)du = \int_1^x \frac{2}{u^3}du \\ &= \left[-\frac{1}{u^2}\right]_1^x \\ &= 1 - \frac{1}{x^2}\end{aligned}$$

이므로, 이것을 공식에 대입하면

$$\begin{aligned}E[Y_l] &= 1 + \int_1^{10}(1 - F_X(x))dx \\ &= 1 + \int_1^{10}\left\{1 - \left(1 - \frac{1}{x^2}\right)\right\} \\ &= 1 + \int_1^{10}\frac{1}{x^2}dx \\ &= 1 + \left[-\frac{1}{x}\right]_1^{10} \\ &= 1 + 1 - \frac{1}{10} = 2 - 0.1 \\ &= 1.9.\end{aligned}$$

문제 5.4.5([4], No. 56). 어느 보험고객은 손실 X를 그대로 보상받기 위하여 보험에 가입하였다. 단, X는 구간 [0, 1,000]에서 균등분포를 가진다.

공제금액을 얼마로 설정하면 공제금액을 적용한 보험금이 공제금액을 적용하지 않는 보험금의 25%가 되는가?

[풀이]. Y를 발생한 손실에 대하여 공제금액 D를 적용한 보험금이라 하자. 즉,

$$Y = g(X) = \begin{cases} 0, & X \le D \\ X - D, & X > D. \end{cases}$$

공제금액을 적용하지 않는 보험금은 X이다. 가정에 의하여

$$E[Y] = 0.25E[X]$$

이다. 이 문제는 D를 결정하는 것이다. 다시 가정으로부터 $X \sim U(0, 1, 000)$이고 $f_X(x) = 1/1, 000$이고 $E[X] = 1, 000/2 = 500,$이다. 그러므로 $E[Y] = (0.25)(500) = 125$이다. 한편,

$$\begin{aligned} E[Y] = E[g(X)] &= \int_D^{1,000} g(x) f_X(x) dx \\ &= \int_D^{1,000} (x - D) \frac{1}{1, 000} dx \\ &= \left[\frac{1}{1, 000} \frac{(x - D)^2}{2} \right]_D^{1,000} \\ &= \frac{(1, 000 - D)^2}{2, 000}. \end{aligned}$$

따라서

$$125 = \frac{(1, 000 - D)^2}{2, 000},$$

즉,

$$(1, 000 - D)^2 = 125 \times 2, 000 = 500^2.$$

이 식으로부터 $D = 500$ 혹은 1,500이다. 그런데 $D < 1, 000$이므로, 정답은 $D = 500$이다.

문제 5.4.6([4], No. 65). 어떤 사람이 그의 자동차의 파손에 의한 손실을 보상받기 위하여 공제금액 250이 적용되는 보험증권을 구입하였다. 자동차가 파손되는 경우 수리비용은 구간 (0, 1,500)에서 균등분포를 따르는 확률변수로 모델된다.

자동차에 대한 손실이 발생할 때 보험금의 표준편차를 결정하여라.

[풀이]. X와 Y를 각각 자동차가 파손된 경우 필요한 수리비용과 보험금이라 두자. 이 문제는 $\sqrt{Var(Y)}$를 계산하는 것이다. 가정에 의하여 $X \sim U(0, 1, 500)$, 즉, $f_X(x) = 1/1,500$이고

$$Y = g(X) = \begin{cases} 0, & X \le 250 \\ X - 250, & X > 250 \end{cases}$$

이다. 따라서

$$\begin{aligned} E[Y] = E[g(X)] &= \int_{-\infty}^{\infty} g(x) f_X(x) dx \\ &= \int_{250}^{1,500} (x - 250) \frac{1}{1,500} dx \\ &= \left[\frac{1}{1,500} \frac{(x-250)^2}{2} \right]_{250}^{1,500} \\ &= 521. \end{aligned}$$

이고

$$\begin{aligned} E[Y^2] = E[g(X)] &= \int_{-\infty}^{\infty} g(x)^2 f_X(x) dx \\ &= \int_{250}^{1,500} (x - 250)^2 \frac{1}{1,500} dx \\ &= \left[\frac{1}{1,500} \frac{(x-250)^3}{3} \right]_{250}^{1,500} \\ &= 434,028 \end{aligned}$$

이다. 그러므로

$$\sqrt{Var(Y)} = \sqrt{E[X^2] - E[X]^2} = \sqrt{434,028 - 521^2} = 403.$$

문제 5.4.7([4], No. 68). 어느 보험증권은 치과의료비용 X에 대하여 보험금 한도 250까지 보상한다. X의 확률밀도함수는 다음과 같다:

$$f_X(x) = \begin{cases} ce^{-0.004x}, & x \geq 0 \\ 0, & \text{그 외에서.} \end{cases}$$

단, c는 적당한 상수이다.

이 보험증권에 따른 보험금의 중앙값을 구하여라.

[**풀이**]. Y를 치과의료비용 X에 대한 보험금이라 하자. 보험금 한도 250이 적용되므로, Y는 다음과 같이 주어진다.

$$Y = g(X) = \begin{cases} X, & X \leq 250 \\ 250, & X > 250. \end{cases}$$

이 문제는 $0.5 = P(Y \leq m_0)$를 만족하는 m_0를 구하는 것이다. 다음 식

$$1 = \int_{-\infty}^{\infty} f_X(x)dx = \int_0^{\infty} ce^{-0.004x}dx = \frac{c}{0.004}$$

로부터 $c = 0.004$를 얻고, 따라서

$$f_X(x) = \begin{cases} 0.004e^{-0.004x}, & x \geq 0 \\ 0, & \text{그 외에서} \end{cases}$$

이다. 이것은 $X \sim E(0.004)$임을 의미한다. 그래서

$$\begin{aligned} 0.5 = P(Y \leq m_0) &= P(g(X) \leq m_0) = P(X \leq g^{-1}(m_0)) \\ &= \int_0^{g^{-1}(m_0)} f_X(x)dx \\ &= \int_0^{g^{-1}(m_0)} 0.004e^{-0.004x}dx \\ &= 1 - 0.004e^{-0.004g^{-1}(m_0)}, \end{aligned}$$

이다. 이것을 고쳐 쓰면,

$$e^{-0.004g^{-1}(m_0)} = 0.5 = 2^{-1}.$$

양변에 ln를 취하면,

$$g^{-1}(m_0) = 250 \ln 2 = 173.29,$$

즉,

$$m_0 = g(173.29)$$

이다. $173.29 \leq 250$이므로, 함수 g의 정의에 의하여, $m_0 = 173.29$이다.

문제 5.4.8([4], No. 93). 어떤 가정은 동일한 보험회사로부터 두 장의 보험증권을 구입한다. 두 장의 보험증권의 내용에 따른 손실은 서로 독립이고 공통적으로 0에서 10까지의 구간에서 균등분포를 가진다. 한 보험증권은 공제금액 1을 적용하고 또 다른 보험증권은 공제금액 1을 적용한다. 이 가정은 각 보험증권의 내용에 따른 손실은 오직 한 번씩만 발생한다는 것을 경험하고 있다.

이 가정에 지불해야 하는 보험금 총액이 5를 초과하지 않을 확률을 계산하여라.

[풀이]. X_1과 X_2를 각각 공제금액 1과 2를 적용하는 보험증권에 따라 보상받는 손실금액이라 하고, 이들 각각에 대한 보험금을 다음과 같이 두자.

$$Y_1 = \begin{cases} 0, & X_1 < 1 \\ X_1 - 1, & X_1 \geq 1 \end{cases}, \quad Y_2 = \begin{cases} 0, & X_2 < 2 \\ X_2 - 2, & X_2 \geq 2. \end{cases}$$

이 문제는 확률 $P(Y_1 + Y_2 < 5)$를 계산하는 것이다. 가정에 의하여 $X_1, X_2 \sim U(0, 10)$이고 이들은 서로 독립이다. 그러므로 X_1과 X_2의 결합확률밀도함수는 임의의 $0 < x_1, x_2 < 10$에 대하여, 다음과 같은 꼴을 가진다.

$$f_{X_1,X_2}(x_1, x_2) = f_{X_1}(x_1) f_{X_2}(x_2) = \left(\frac{1}{10}\right)\left(\frac{1}{10}\right) = \frac{1}{100}.$$

D를 $f_{X_1,X_2}(x_1, x_2)$의 지지, 즉, $D = \{(x_1, x_2) \mid 0 < x_1, x_2 < 10\}$라 두자. 그러면

$$\begin{aligned} P(Y_1 + Y_2 < 5) &= P(X_1 - 1 + X_2 - 2 < 5, X_1 < 6, X_2 < 7) \\ &= P(X_1 + X_2 < 8, X_1 < 6, X_2 < 7) \\ &= P((X_1, X_2) \in A). \end{aligned}$$

단,

$$
\begin{aligned}
A &= \{(x_1, x_2) \in D \mid x_1 + x_2 < 8,\ x_1 < 6, x_2 < 7\} \\
&= \{(x_1, x_2) \mid 0 < x_1 < 6,\ 0 < x_2 < 2\} \\
&\quad + \{(x_1, x_2) \mid 0 < x_1 < 1,\ 2 < x_2 < 7\} \\
&\quad\quad + \{(x_1, x_2) \mid 1 < x_1 < 6,\ 2 < x_2 < 8 - x_1\} \\
&= A_1 + A_2 + A_3.
\end{aligned}
$$

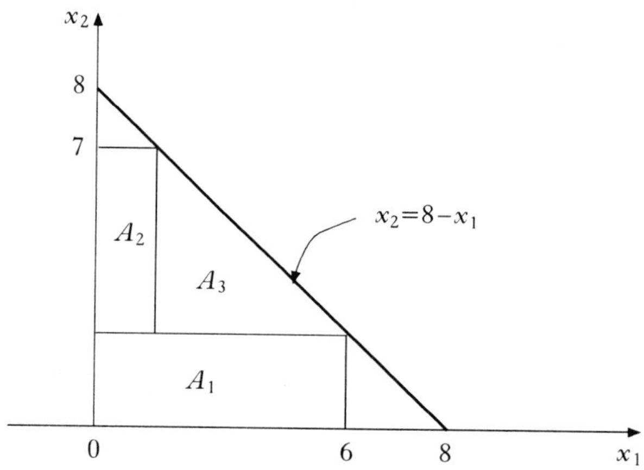

그러므로

$$
\begin{aligned}
&P(Y_1 + Y_2 < 5) \\
&= P((X_1, X_2) \in A_1) + P((X_1, X_2) \in A_2) + P((X_1, X_2) \in A_3) \\
&= \sum_{k=1}^{3} \int\int_{A_k} f_{X_1,X_2}(x_1, x_2) dx_1 dx_2 \\
&= \sum_{k=1}^{3} \int\int_{A_k} \frac{1}{100} dx_1 dx_2 \\
&= \frac{1}{100}\{(A_1\text{의 면적}) + (A_2\text{의 면적}) + (A_3\text{의 면적})\} \\
&= \frac{1}{100}\{(6)(2) + (1)(5) + (1/2)(5)(5)\} \\
&= 0.295.
\end{aligned}
$$

표준정규분포표

이 표는 임의의 $z \in [0, 3.09]$에 대하여 $\alpha = \Phi(z) = P(Z \leqq z) = \int_{-\infty}^{z} exp\{-\frac{x^2}{2}\}dx$ 의 값을 나타낸 것이다. 역으로 임의의 $\alpha \in (0,1)$에 대하여, z 의 값도 찾을 수 있다.

z	0.00	0.01	0.02	0.03	0.04	0.05	0.06	0.07	0.08	0.09
0.0	0.5000	0.5040	0.5080	0.5120	0.5160	0.5199	0.5239	0.5279	0.5319	0.5359
0.1	0.5398	0.5438	0.5478	0.5517	0.5557	0.5596	0.5636	0.5675	0.5714	0.5753
0.2	0.5793	0.5832	0.5871	0.5910	0.5948	0.5987	0.6026	0.6064	0.6103	0.6141
0.3	0.6179	0.6217	0.6255	0.6293	0.6331	0.6368	0.6406	0.6443	0.6480	0.6517
0.4	0.6554	0.6591	0.6628	0.6664	0.6700	0.6736	0.6772	0.6808	0.6844	0.6879
0.5	0.6915	0.6950	0.6985	0.7019	0.7054	0.7088	0.7123	0.7157	0.7190	0.7224
0.6	0.7257	0.7291	0.7324	0.7357	0.7389	0.7422	0.7454	0.7486	0.7517	0.7549
0.7	0.7580	0.7611	0.7642	0.7673	0.7704	0.7734	0.7764	0.7794	0.7823	0.7852
0.8	0.7881	0.7910	0.7939	0.7967	0.7995	0.8023	0.8051	0.8078	0.8106	0.8133
0.9	0.8159	0.8186	0.8212	0.8238	0.8264	0.8289	0.8315	0.8340	0.8365	0.8389
1.0	0.8413	0.8438	0.8461	0.8485	0.8508	0.8531	0.8554	0.8577	0.8599	0.8621
1.1	0.8643	0.8665	0.8686	0.8708	0.8729	0.8749	0.8770	0.8790	0.8810	0.8830
1.2	0.8849	0.8869	0.8888	0.8907	0.8925	0.8944	0.8962	0.8980	0.8997	0.9015
1.3	0.9032	0.9049	0.9066	0.9082	0.9099	0.9115	0.9131	0.9147	0.9162	0.9177
1.4	0.9192	0.9207	0.9222	0.9236	0.9251	0.9265	0.9279	0.9292	0.9306	0.9319
1.5	0.9332	0.9345	0.9357	0.9370	0.9382	0.9394	0.9406	0.9418	0.9429	0.9441
1.6	0.9452	0.9463	0.9474	0.9484	0.9495	0.9505	0.9515	0.9525	0.9535	0.9545
1.7	0.9554	0.9564	0.9573	0.9582	0.9591	0.9599	0.9608	0.9616	0.9625	0.9633
1.8	0.9641	0.9649	0.9656	0.9664	0.9671	0.9678	0.9686	0.9693	0.9699	0.9706
1.9	0.9713	0.9719	0.9726	0.9732	0.9738	0.9744	0.9750	0.9756	0.9761	0.9767
2.0	0.9772	0.9778	0.9783	0.9788	0.9793	0.9798	0.9803	0.9808	0.9812	0.9817
2.1	0.9821	0.9826	0.9830	0.9834	0.9838	0.9842	0.9846	0.9850	0.9854	0.9857
2.2	0.9861	0.9864	0.9868	0.9871	0.9875	0.9878	0.9881	0.9884	0.9887	0.9890
2.3	0.9893	0.9896	0.9898	0.9901	0.9904	0.9906	0.9909	0.9911	0.9913	0.9916
2.4	0.9918	0.9920	0.9922	0.9925	0.9927	0.9929	0.9931	0.9932	0.9934	0.9936
2.5	0.9938	0.9940	0.9941	0.9943	0.9945	0.9946	0.9948	0.9949	0.9951	0.9952
2.6	0.9953	0.9955	0.9956	0.9957	0.9959	0.9960	0.9961	0.9962	0.9963	0.9964
2.7	0.9965	0.9966	0.9967	0.9968	0.9969	0.9970	0.9971	0.9972	0.9973	0.9974
2.8	0.9974	0.9975	0.9976	0.9977	0.9977	0.9978	0.9979	0.9979	0.9980	0.9981
2.9	0.9981	0.9982	0.9982	0.9983	0.9984	0.9984	0.9985	0.9985	0.9986	0.9986
3.0	0.9987	0.9987	0.9987	0.9988	0.9988	0.9989	0.9989	0.9989	0.9990	0.9990

예 : $\Phi(1.96) = 0.975$. 표준정규확률변수의 확률밀도함수가 0에 대하여 대칭이므로 $\Phi(-1.96) = 0.025$임을 알 수 있다.

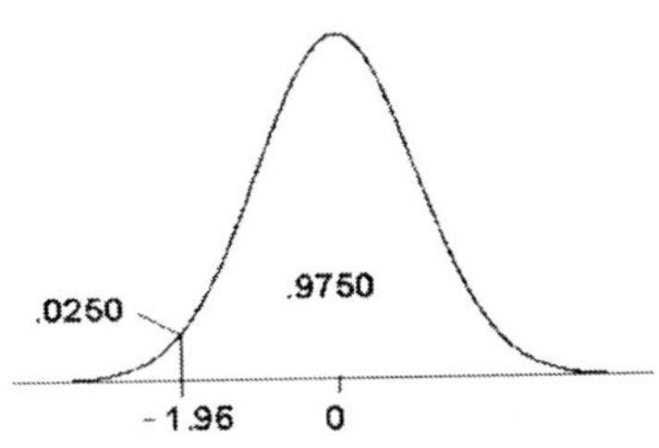

참고문헌

[1] N.L. Bowers Jr., H.U. Gerber, J.C. Hickman, D.A. Jones and C.J. Nesbitt, Accuarial Mathematics, The Society of Actuaries, Itasca, Illinois, 1986.

[2] S.A. Broverman, Study Manual - SOA Course 1 Examination and CAS Exam 1, ACTEX Publications, Inc., 2001.

[3] SOA/CAS Course 1 Exam - May 2000, SOA/CAS.

[4] SOA/CAS Exam P/1 Sample Questions P-09-05, http://www.soa.org/Exam & Jobs/Spring 2007 Basic Education Catalog, 2007.

찾아보기

100α-th percentile, 34

reinsurance cap, 130

amount paid per claim, 127
amount paid per loss, 127

Bayes' rule, 15
benefit, 113
Bernoulli random variable, 43
Bernoulli trial, 43
Bernoulli's Law of Large Numbers, 5
beta distribution, 62
beta function, 62
binomial coefficient, 11
binomial distribution, 43

ceded claim, 130
ceding insurer, 130
central limit theorem, 109
Chebyshev's inequality, 37
chi-square distribution with n degree of freedom, 62
claim, 113
coefficient of variation, 114
collective risk model, 122
combination, 11
complement of an event, 3
conditional distribution function, 83
conditional expectation, 89
conditional probability, 13
conditional probability density function, 84
conditional probability mass function, 84
conditional variance, 91
continuous correction, 55
continuous random vector, 71
continuous sample space, 1
correlation coefficient, 77
covariance, 77
cumulative distribution function, 24

deductible amount, 127
disappearing deductible, 128

discrete random variable, 25
discrete sample space, 1
distribution, 24
distribution function, 24

equally likely, 8
event, 2
excess-of-loss insurance, 127
expectation, 30, 32, 33
expected claim, 114
exponential distribution, 57

factorial, 10
failure rate, 27
franchise deductible, 128
frequency distribution, 122

Gamma distribution, 61
Gamma function, 61
geometric distribution, 45
ground-up loss, 127

hazard rate, 27
hypergeometric distribution, 47

iid random variables, 107
iid 확률변수열, 107
independent, 17, 75
indicate function, 34
individual risk model, 120
insurance, 113
insurance cap, 129
insurance policy, 113
insured, 113
insurer, 113
intersection of two events, 3

Jensen's inequality, 36
joint distribution function, 70
joint moment generating function, 95
joint probability density function, 71
joint probability mass function, 70

lack of memory property, 45
law, 24
log-normal distribution, 56

marginal distribution functions, 70
marginal pdf, 75
marginal pmf, 75
mean value, 30
median, 34
mgf, 34
mixed distribution, 29
mode, 34
moment, 33
moment generating function, 34

multinomial distribution, 48
multivariate normal distribution, 82
mutually exclusive, 3
mutually independent, 18

negative binomial distribution, 45
net premium, 114
normal distribution, 50
normal random variable, 50
normalized version, 52

occur, 3

Pareto distribution, 64
partition of event, 4
pdf, 26
percentile, 53
permutation, 10
pmf, 25
Poisson distribution, 41
policy limit, 128
policyholder, 113
premium, 113
probability, 5
probability density function, 26
probability mass function, 25
probability measure, 5
proportional insurance, 130
proportional reinsurance, 131
pure premium, 114

random variable, 23
random vector, 69
reinsured claim, 130
reinsurer, 130
relative frequency, 4
reliability function, 24
retained claim, 130
retained loss, 127
risk, 113

sample point, 1
sample space, 1
Schwartz's inequality, 39
severity distribution, 122
skewness, 34
standard deviation, 33
standard normal distribution, 52
standardized random variable, 52
statistical regularity, 4
stop-loss insurance, 127
stop-loss reinsurance, 130
support, 71
survival function, 24
symmetric, 34

theorem of total probability, 15
total premium, 123
truncated exponential distribution, 60

uniform distribution, 40, 49
union of two events, 3
unitized risk, 114

variance, 33

Weibull distribution, 64

감마분포, 61
개별적 위험 모델, 120
결합분포함수, 70
결합적률생성함수, 95
결합확률밀도함수, 71
결합확률질량함수, 70
계승, 10
고장률, 27
공분산, 77
공제금액 지정 손해보험, 127
공제금액 지정 손해재보험, 130
공제금액 초과분 손해보험, 127
공통사건, 3

균등분포, 40, 49
기대보험금, 114
기댓값, 30, 32, 33
기본손실, 127
기하분포, 45

누적분포함수, 24
다변수 정규분포, 82
다항분포, 48
단위화된 위험, 114
대칭, 34
대표분포, 122

독립, 17, 75

랜덤 벡터, 69
로그정규분포, 56

면책공제금, 128
모드, 34
모멘트, 33

법칙, 24

베르누이 시행, 43
베르누이 확률변수, 43
베르누이의 대수의 법칙, 5
베이즈의 법칙, 15
베타분포, 62
베타함수, 62
변동성 계수, 114
보유보험금, 130
보유손실, 127

보험, 113
보험가입자, 113
보험계약자, 113
보험공제금액, 127
보험금, 113
보험금 상한, 129
보험금 청구건당 보험, 127
보험금 한도, 128
보험료, 113
보험료의 합계, 123
보험업자, 113
보험증권, 113
분산, 33
분포, 24
분포함수, 24
비대칭도, 34
비례특약보험, 130
비례특약재보험, 131
빈도분포, 122

사건, 2
사건의 분할, 4
사건이 일어나다, 3
상관계수, 77
상대빈도, 4
상대적 안전 부가율, 123
생존함수, 24
서로 독립, 18
서로 소, 3
소멸공제금, 128
손실발생건당 보험금, 127
순보험료, 114
순열, 10

슈바르츠의 부등식, 39
신뢰성함수, 24

양도보험금, 130
양도보험회사, 130

여사건, 3
연속 랜덤 벡터, 71
연속수정법, 55
연속표본공간, 1
옌센의 부등식, 36
와이블분포, 64

위험, 113
위험률, 27
음의 이항분포, 45
이산표본공간, 1
이산확률변수, 25
이항계수, 11
이항분포, 43
자유도 n의 카이제곱분포, 62
재보험금, 130

재보험금 상한, 130
재보험회사, 130
적률생성함수, 34
전확률법칙, 15
절단된 지수분포, 60

정규분포, 50
정규화된 확률변수, 52
정규확률변수, 50
정의함수, 34
조건부기댓값, 89
조건부분산, 91
조건부분포함수, 83
조건부확률, 13
조건부확률밀도함수, 84
조건부확률질량함수, 84
조합, 11
주변분포함수, 70
주변확률밀도함수, 75
주변확률질량함수, 75
중간값, 34
중심극한정리, 109
지수분포, 57
지지, 71
집단적 위험 모델, 122

체비셰프의 부등식, 37
초기하분포, 47

통계적 규칙, 4

파레토분포, 64
퍼센트 점, 34, 53
평균값, 30
포아송 분포, 41

표본, 1
표본공간, 1
표준정규분포, 52
표준편차, 33
표준화된 확률변수, 52
합사건, 3

혼합분포, 29
확률, 5
확률밀도함수, 26
확률변수, 23
확률의 동등성, 8
확률질량함수, 25
확률측도, 5

김재희(Jai Heui Kim)

1986년부터 현재까지 부산대학교 수학과 교수로 재직하고 있으며, 1986년에 일본 오사카대학교에서 “Stochastic calculus related to non-symmetric Dirichlet forms”라는 논문으로 이학박사학위 취득하였음.

1982년 2월 부산대학교 문리대 수학과 졸업 (이학사)
1972년 - 1981년 부산대학교 대학원 수학과 졸업 (이학석사)
1981년 - 1986년 일본 Osaka 대학교 대학원 수학과 졸업 (이학박사)
1986년 - 현재 부산대학교 자연과학대학 수학통계학부 교수
1990. 4 - 1991. 3 미국 M.I.T.의 LIDS 방문교수
1995. 05 - 1995. 02 일본 Osaka 대학교 수리과학과 방문교수
1999. 12 - 2000. 02 스페인 Pompeu Fabra 대학 경제학과 방문교수
2003. 02 - 2004. 02 호주 Queensland 대학교 수학과 방문교수

보험수학을 위한 확률론

2007년 12월 15일 초판 인쇄
2008년 1월 1일 초판 발행

저 자 / 김재희
발행자 / 오판근
발행처 / 교우사

주 소 / 서울 동대문구 제기2동 148-19
전 화 / 925-2861(대), 편집부 / 925-2825
팩 스 / 925-2860, 953-2860
E-mail / kw2861 @ chollian. net
http: // www. kyowoo. co. kr
등록 / 1994. 3. 24 제6-0256호

ISBN 978-89-8172-714-7 (93310)

값 **14,000**원